Sandra Ronquillo (Ed.)
Jair Valencia
Mario Andres Mero Plaza

Elaboración de un recubrimiento comestible para filetes de tilapia

Sandra Ronquillo (Ed.)
Jair Valencia
Mario Andres Mero Plaza

Elaboración de un recubrimiento comestible para filetes de tilapia

Una herramienta para el desarrollo de recubrimientos comestibles

PUBLICIA

Imprint

Cover image: www.ingimage.com

Publisher:
PUBLICIA
is a trademark of
Dodo Books Indian Ocean Ltd., member of the OmniScriptum S.R.L Publishing group
str. A.Russo 15, of. 61, Chisinau-2068, Republic of Moldova Europe
Printed at: see last page
ISBN: 978-620-2-43168-2

"ELABORACIÓN DE UN RECUBRIMIENTO COMESTIBLE PARA FILETES DE TILAPIA ROJA (*OREOCHROMIS SP*) A PARTIR DE ALMIDÓN DE YUCA (*MANIHOT ESCULENTA CRANTZ*) Y ACEITE ESENCIAL DE ROMERO (*ROSMARINUS OFFICINALIS*)"

Autor: Valencia Cagua Elio Jair, Mero Plaza Mario Andrés

Tutora: Dra. Sandra Ronquillo Castro

Resumen

El uso de recubrimientos lleva muchos años practicándose, se desarrolló con el fin de imitar las capas naturales que protegen los alimentos de materiales externos. Esta investigación tiene por objetivo elaborar un recubrimiento comestible (RC) a partir de productos biodegradables aplicados en filetes refrigerados de tilapias. Su estructura puede estar compuesta a partir de carbohidratos, proteínas y lípidos, debido a que son sustancias biodegradables los cuales le otorgan propiedades como: apariencia estética, propiedades de barrera y funcionalidad. Adicional se agregó aceite esencial de romero por sus propiedades antioxidante y antimicrobiano. Para la elaboración del RC (adictivo alimenticio) se dispuso de (200.00 g) almidón de yuca, (50.40g) glicerina liquida, (2000.00 g) de agua destilada y 17.25g) de aceite esencial de romero. La aplicación del recubrimiento se la realizó por medio de inmersión y luego almacenados a 4 °C, el tiempo de pruebas duró 10 días, los análisis físicos, químicos y biológicos se llevaron a cabo cada dos días. También se realizaron análisis estadísticos utilizando el programa SPSS-25 para determinar si la hipótesis se cumple o no. Los resultados de los análisis para pH (de 6.49 – 6.38), color (de L:5.12, a:11.09, b:5.83 descendiendo a L:4.83, a:4.09, b:1.32), bases volátiles totales (de 5.05 – 8.43 mg N/100g), nitrógeno básico volátil (de 14.37 incremento 21.48 mg N/100g), Aerobios Totales ($87x10^3$ ufc/g incremento $39x10^5$ ufc/g), Coliformes Totales (10 ufc/g se mantuvo 10 ufc/g). En conclusión el recubrimiento comestible produjo cambios en el pH de los filetes de tilapia con respecto al grupo sin recubrimiento para las demás pruebas físicos, químicos y biológicos no hubo cambio alguno.

Palabras Claves: Recubrimiento comestible, Biodegradable, Inmersión, tilapias rojas

“"ELABORATION OF AN EDIBLE COATING FOR FILLETS OF RED TILAPIA (OREOCHROMIS SP) FROM CASSAVA STARCH (MANIHOT ESCULENTA CRANTZ) AND ESSENTIAL OIL FROM ROMERO (ROSMARINUS OFFICINALIS)"

Authors: Valencia Cagua Elio Jair, Mero Plaza Mario Andrés

Advisor: Dra. Sandra Ronquillo Castro

Abstract

The edible coating has been used since many years, it has developed with the purpose to imitate the food's externals layer. This study has the aim to elaborate an edible coating (EC) from biological products applied to tilapia's filets. Its structure can be composed from carbohydrates, proteins, lipids since they are biodegradable substance which grant properties, like: aesthetic appearance, barrier's properties and functionality. In addition to this, rosemary's essential oil was added owing to their antioxidant and antimicrobe properties. For the elaboration of EC, was used (200g) cassava starch, (50.40g) liquid glycerin, (2000 g) liquid water and (17.25g) of rosemary's essential oil. The edible coating was applied by immersion's method and was stored a 4oC, the analysis lasted 10 days, the physical, chemical and biological were made every 2 days. Furthermore, some statistical analysis was made by using SPSS 25, to determinate if the hypothesis is approved or not. The result for this analyses were for pH (6.49 to 6.38), color (L:5.12 a: 11.09, b: 5.83 descends to L: 4.83, a: 4.09, b:1.32) total volatile bases (from 5.05 to 8.43 mg N/100), total volatile nitrogen (from 14.37 increased to 21.48 mg N/100g) Total aerobes (87x103 ufc/g increased to 39x105 ufc/g), Total coliforms (most of the time below 10 ucf/g). In conclusion the edible coating only produced changes in the pH of tilapia's fillets versus the group without coating for the other physical, chemical and microbiological' s analyses, no changes were noted.

Keywords: Edible coating, biodegradable, immersion, red tilapias

AGRADECIMIENTO

En primer lugar, a Dios por bendecirnos siempre y permitirnos culminar este primer escalón en nuestra vida profesional.

A nuestras familias, que han sido nuestro principal apoyo en todo momento, hasta el final de la presentación de la tesis, por darnos fuerza y apoyo.

A nuestros amigos y profesores que también nos han apoyado en nuestro crecimiento como profesionales y como persona, que nos ayudaron a superar momentos difíciles.

Mero Plaza Mario Andrés

Elio Jair Valencia Cagua

Tabla de contenido

ÍNDICE DE FIGURA

ÍNDICE DE TABLAS

ÍNDICE DE ECUACIONES

En el Ecuador la aplicación de estas tecnologías se ve limitadas debido al aumento de costos para su aplicación y a su posterior manejo después de su obtención, ya que estos son empaquetados enteros para su exportación (la mayoría), sin romper la cadena de frio para este tipo de productos evitando la degradación del producto [7].

La incidencia sobre las alteraciones de las fracciones lipídicas que pueden tener sobre la calidad del pescado durante su procesamiento y en general, para ellos los procesos más conocidos para detener este tipo de actividad corresponden a: acción de frio, calor (cocción y enlatado) y control de la actividad de agua [8], por dicha razón la utilización del aceite esencial de romero debido a su actividad antimicrobiana y antioxidante, además de ser una saborizante para los alimentos de origen natural [9].

1.3. FORMULACIÓN Y SISTEMATIZACIÓN DE LA INVESTIGACIÓN

1.3.1. Formulación del problema de investigación

¿Es el recubrimiento comestible a partir de almidón de yuca y aceite esencial de romero una técnica que sirva para prolongar el tiempo de vida útil de los filetes de tilapia a una temperatura de refrigeración de 4°C?

1.1.1. Sistematización del problema

¿Se logrará prolongar el tiempo de vida útil de los filetes de tilapia en refrigeración?

¿El aceite esencial de romero inhibirá o ralentizará el crecimiento microbiológico en los filetes?

1.4.JUSTIFICACIÓN

1.4.1. Justificación teórica

Con el presente trabajo se pretende contribuir con una opción diferente en la elaboración de recubrimientos comestibles con materia prima de origen vegetal como es el almidón de yuca y el aceite esencial de romero prolongando la vida útil de pescados en refrigeración con la contribución de información de otras investigaciones.

1.4.2. Justificación metodológica

Actualmente existen investigaciones enfocadas en nuevos componentes para la elaboración de recubrimientos comestibles y es así como en este trabajo se considerara información obtenida para la adición del aceite esencial de romero al recubrimiento comestibles permitiendo analizar sus efectos después de ser aplicados en los filetes de tilapia. Y una vez demostrada su validez la información podrá servir en nuevas investigaciones.

1.4.3. Justificación práctica

Esta investigación propone otra alternativa en la elaboración de recubrimientos comestibles, empleando productos de origen biodegradable de fácil acceso para disminuir el uso de productos derivados del petróleo, en alimentos perecederos, donde los beneficiados serán los consumidores, los que contarán con un producto de mejor calidad verificado a través de análisis químicos, físicos y microbiológicos.

1.5. OBJETIVOS DE LA INVESTIGACIÓN

1.5.1. Objetivo general

Elaborar un recubrimiento comestible a partir de productos naturales aplicable a filetes refrigerados de tilapias rojas (*Oreochromis SP)*.

1.5.2. Objetivo específico

- Seleccionar y caracterizar la materia prima empleada partiendo de resultado de investigaciones anteriores y análisis actuales.
- Comparar los resultados obtenidos de pH, color, TVB, TVB-N, aerobios totales, Coliformes totales de los filetes sin recubrimiento (grupo#1) con los obtenidos de los filetes con recubrimiento (grupo#2), de acuerdos a la normativa NTE INEN: 1896:2013.
- Evaluar los resultados obtenidos sobre las diferentes investigaciones hechas hasta el momento sobre recubrimientos comestibles.

1.6. DELIMITACIÓN DE LA INVESTIGACIÓN

La presente investigación se desarrolló en el ámbito de recubrimientos comestibles biodegradables, partiendo de polisacáridos como el almidón de yuca, aceite esencial extraído del romero, glicerina y agua para filetes de tilapias rojas. El trabajo de investigación se realizó en un periodo de 6 meses.

La elaboración del recubrimiento comestible y la obtención del aceite esencial del romero, una parte de los análisis físicos y microbiológicos se realizaron en el laboratorio de microbiología mientras que los análisis físicos restantes en el Instituto de Investigaciones Tecnológicas, ambos de la facultad de Ingeniería Química de la Universidad de Guayaquil.

Figura 1: Localización geográfica del Instituto Tecnológico de la Universidad de Guayaquil

Fuente:(Google maps, 2018)

Figura 2: Localización geográfica del Instituto de Pesca

Fuente: (Google maps, 2018)

Los análisis químicos se los realizó en el Instituto Nacional de Pesca de la ciudad de Guayaquil

1.7. HIPÓTESIS

El recubrimiento comestible elaborado a partir de almidón de yuca (*Manihot Esculenta Crantz)* y aceite esencial de romero (*Rosmarinus officinalis)* es una técnica apropiado para preservar los filetes refrigeradores de tilapias (*Oreochromis nicoticus)*.

1.7.1. Variables independientes

Recubrimiento comestible

1.7.2. Variables Dependientes

- Propiedades del recubrimiento comestible
    - Viscosidad
    - pH
    - Densidad
- Filetes de tilapia
    - p
    - Color
        - L*
        - a*
        - b*
    - Bases volátiles totales (TBV)
    - Nitrógeno básico volátil total NBVT)
    - Aerobios totales
    - Coliformes totales
    - Vibrio spp.

1.7.3. Operacionalización de las variables

Tabla 1: Operacionalización de variables

Tipo de variable	Variable	Sub variable	Definición	Indicador de medición
Independiente	Composición del recubrimiento comestible	Almidón de Yuca	Macromolécula formada por dos polisacáridos, siendo la amilosa y la amilopectina	Gramos (g)
		Glicerol	Alcohol conformado por 3 grupos hidroxilos	Mililitros (ml)
		Agua Destilada	Agua que ha sido sometida a un proceso de limpieza o purificación	Mililitros (ml)
		Aceite esencial de romero	Compuestos volátiles obtenidos de la destilación de las hojas de romero	Mililitros (ml)
Dependiente	Físico	Viscosidad	Resistencia de un fluido a fluir	Viscosidad (cP)

		Densidad	Relación entre la masa y el volumen de un cuerpo	Densidad (g/ml)
		pH	Factor que indica la acidez o basicidad de una solución acuosa	Escala de pH (pH)
		Color	Impresión creada por un tono de luz en los órganos visuales	Espacio de Color CIELAB (L*, a* y b*)
	Microbiológico	Aerobios totales	Conjunto de bacterias aerobias y anaerobias facultativas presentes en una muestra	Unidades formadoras de colonia (UFC)
		Coliformes totales	Grupo de *Enterobacteriaceae* lactosa positivas definidas mayor por su prueba de aislamiento	Unidades formadoras de colonia (UFC)
		Vibrio spp.	Especie de la familia Vibrio presente en especias marinas y causantes de	Unidades formadoras de colonia (UFC)

			enfermedades alimenticias	
	Químico	Bases volátiles totales	Método de calidad empleado para determinar los compuestos volátiles en el deterioro del pescado	Bases volátiles totales (mg N/100g)
		Nitrógeno básico volátil total	Método de calidad usado para cuantificar las bases formadas por trimetilamina, dimetilamina y amoniaco	Nitrógeno básico volátil total (mg N/100g)

Elaborado por: (Mero y Valencia, 2018)

CAPÍTULO 2

2.1.MARCO REFERENCIAL

2.1.1. Antecedentes de la investigación

El uso de recubrimientos y películas comestibles lleva muchos años practicándose, se desarrolló con el fin de imitar las capas naturales que protegen los alimentos de materiales externos, uno dato histórico acerca del uso de recubrimientos comestibles es el "enmantecado", que es la aplicación de grasas como una película protectora en alimentos para evitar la pérdida de humedad, que se los realizo durante el siglo XVI.

Durante los años 1930, se empleaba ceras como coberturas para frutas, su comercialización era realizada como parafinas que luego eran aplicadas a frutas como manzanas y peras, para la protección de las mismas [10].

Con respecto a las propiedades de RC, pueden ser alteradas mediante la aplicación de adictivos, tales como: plastificantes, conservantes y surfactantes, estos sirven con el fin de ofrecer flexibilidad y resistencia, según su estructura correspondiente [11].

Los almidones son muy utilizados en la industria de alimentos, ya que poseen buenas características en cuanto a espesantes y gelificantes, además tienen buenas propiedades mecánicas al momento de ser obtenidos como películas y recubrimientos comestibles, estos almidones entran en la categoría de hidratos de carbono, ya que se incluyen por parte de las industrias derivados de celulosa, pululan, quitosán, alginato, pectina, carragenina goma gelán, entre otros, para la formación de coberturas [12].

2.2.MARCO TEÓRICO

Se definen a los recubrimientos comestibles (RC) como sustancias que son aplicadas en la parte externa de alimentos de tal manera que el producto final sea apto para el consumo. Los RC se han encontrado en uso durante muchos años por parte de la industria alimentaria, con el fin de evitar la pérdida de humedad en dichos productos. [13]; La composición de los RC depende de los materiales a utilizar estos pueden ser a base de proteína, polisacáridos y lípidos.

Los recubrimientos comestibles son capas delgadas de material biopolímero, que son aplicadas en alimentos en adición o en reemplazo de la capa natural, con el fin de funcionar como una barrera que reduzca la difusión de gases (O2, CO2, vapor de agua), lo que permitiría prolongar la vida útil del alimento [14] .

La aplicación de recubrimientos comestibles (RC) para alimentos corresponde a una práctica antigua la cual se desarrolló para imitar las cubiertas naturales de algunos productos comestibles, de esta manera la aplicación de películas o recubrimientos comestibles cuyo fin es la de prolongar su vida útil, no es nada nuevo [15].

Un empaque tiene la función de la conservación, distribución y marketing. En cuanto a las funciones del empaque están de contener el alimento y protegerlo de acciones físicas, mecánicas, químicas y microbiológicas. Un RC tiene la capacidad de trabajar sinérgicamente con otros materiales, las barreras que se forma permiten conservar los parámetros de calidad desde diferentes factores como aceptabilidad comercial, pérdida de peso, color de la superficie del alimento [16] .

2.2.1. Definición de recubrimiento comestible y película comestible

Un recubrimiento comestible se define como una matriz delgada, cuya estructura se encuentra alrededor del alimento que por lo general se realiza mediante inmersión de este, en una solución lo que forma el recubrimiento. Una película comestible se define como una matriz preformada, delgada, que se utilizara para recubrir un alimento o en cierto componente de este. Dichas soluciones se encuentran formadas por polisacáridos, un compuesto de naturaleza proteica, lipídica o por una mezcla [17].

2.2.2. TIPOS DE RECUBRIMIENTOS

2.2.2.1. Hidrocoloides

Son polímeros hidrofílicos cuyo origen vegetal, animal o microbiano, produce un elevado contenido de viscosidad y en algunos casos tienen efectos gelificantes, estos tienen la tendencia a disolverse y dispersar fácilmente en agua. Las películas biodegradables de este tipo se han desarrollado durante algunos años debido a sus propiedades mecánicas frente al O2, CO2 y lípidos, su desventaja es debido a su naturaleza hidrofilia permite el transporte de humedad [18].

2.2.2.2. Polisacáridos

Almidones: son de abundantes fuentes (maíz, trigo, papa, arroz, entre otros.) debido a que son polímeros biodegradables, comestibles lo que hace conveniente en la fabricación de films y recubrimientos [18].

Alginatos: obtenidas de diferentes especies de algas, presenta la propiedad de formar geles al momento que se adicionan iones de calcio (Ca+) los cuales se usan para la obtención de PC y RC, en cuanto a sus aplicaciones son variadas debido a que ofrecen características de barrera frente al O2 y lípidos [18].

Pectinas: polisacáridos estructurales que están presentes en la mayoría de las plantas, en cítricos principalmente. Para la formación de películas es necesario agregar sal de calcio (cloruro de calcio) y plastificante. La desventaja es su permeabilidad al agua esto es lo que limita a mejorar el aspecto de algunos productos [18].

Quitina y Quitosano: es el polisacárido más abundante de la naturaleza después de la celulosa, se encuentra presente en el exoesqueleto de muchos crustáceos, las alas de algunos insectos, hongos, algas y otros. Para la producción industrial se basa en el tratamiento de los caparazones de crustáceos como camarones, langostas y cangrejos, este biopolímero se convierten en los últimos años en adictivo de alimentos de origen biológico, debido a sus propiedades antimicrobianas, su abundancia en la naturaleza y a su capacidad para formar películas, además esta forma una barrera frente al O2 y posee buenas propiedades mecánicas [18].

Carragenanos: extraídas de algas rojas, así como los alginatos, requieren de la adición de sales de calcio para la formación de geles, lo que se obtiene son películas transparentes, incoloras y de sabor ligeramente salado. Poseen características que retardan la perdida de humedad de algunos frutos [18].

Derivados de la celulosa: son considerados buenos agentes formadores de películas debido a su estructura lineal, este tipo de películas son sólidas y resistentes a los aceites y a solventes orgánicos no polares. Se emplean para controlar la difusión de O2 y CO2, cuyo objetivo es la de retardar el proceso de maduración de frutas y vegetales [18].

2.2.2.3. Proteínas

Caseína: los caseinatos son buenos para la formación de películas emulsionadas por su naturaleza antifilica debido a su estructura desordenada y a su capacidad para formar puentes de hidrogeno [18].

Proteínas del suero de lácteo: las películas basadas en proteínas son excelentes barreras al O2, aunque su desventaja yace en su fragilidad. Para solucionar este problema se detectó que las propiedades mecánicas mejoran mediante la adición de un agente plastificante, como el glicerol, en cuanto a sus aplicaciones se puede usar en alimentos sensibles a la oxidación como nueces y maníes, con el fin de prolongar la vida útil. También se realizan investigaciones para la formación de RC anti-moho y que puedan ser aplicados en derivados de carnes [18].

Colágeno: las películas comestibles obtenidas a partir de este tipo de proteínas son usados principalmente en productos y derivados cárnicos, principalmente como recubrimiento de salchichas y otros embutidos, su función es la de evitar la pérdida de humedad y dar aspecto uniforme al producto mejorando su estructura [18].

Zeina: es la principal proteína de reserva del maíz. Es un material hidrofóbico y termo plasto, por lo que en su aplicación como película posee una formación fuerte, con brillo, además de resistencia al ataque microbiano, insolubles en agua [18].

2.2.2.4. Lípidos

Se caracterizan por ser hidrofóbicos, presentan excelentes propiedades frente a la humedad, en la industria alimenticia donde se aplican estas películas y recubrimientos comestibles se pueden mencionar las ceras, resinas, ácidos grasos, monogliceridos y digliceridos. La desventaja es su escasa capacidad para la formación de filme, en pocas palabras no poseen suficiente estabilidad en su estructura ni durabilidad. En cuanto a su aplicación, se usan principalmente en frutas y en compuestos heterogéneos, como soporte de aditivos liposolubles [18].

2.2.2.5. Compuestos

Corresponden a una formulación que combina hidrocoloides y lípidos, permitiendo el aprovechamiento de ventajas funcionales de cada uno, lo que reduce las desventajas. Estos se pueden tomar en cuentas de la siguiente manera [18].

Laminados: poseen una configuración mediante la superposición de una capa lipídica sobre una de hidrocoloides, lo que forma una distribución homogénea de los lípidos controlando de manera satisfactoria la transferencia de agua [18].

Emulsiones: son consideradas mezclas heterogéneas de lípidos dentro de una matriz hidrocoloides, la cual es obtenida por emulsión o micro emulsión. Debido a que no se logra una distribución homogénea de los lípidos, este tipo de filme es poco eficiente [18].

2.2.3. Aplicación de los recubrimientos comestibles

En la aplicación de recubrimientos comestibles para alimentos se pueden realizar mediante dos métodos: de manera directa, la cual consiste en aplicar directamente una solución de la envuelta, se aplica mediante diversas técnicas, que en consecuencia el recubrimiento se deposite en la parte externa del alimento, posteriormente, de manera indirecta, se forma un recubrimiento independiente con el que será envuelto el alimento [19].

Los métodos que se han desarrollado para la aplicación directa como el pulverizado, la inmersión o la aplicación en forma de espuma, entre otros métodos. Luego de la aplicación le sigue la etapa de enfriamiento o secado para adherir de mejor manera la envoltura al producto [19].

2.2.4. Pez Tilapia

La tilapia es un pez de origen africano cuyo habitad se encuentra en varias regiones tropicales. La especie *Oreochromis niloticus* se encuentra en más de 100 países, ocupando el segundo puesto en la producción mundial. Posee atributos adecuados, entre los cuales está su buena calidad, sabor a carne, la domesticación, cría, gran tolerancia a entornos diferentes, resistencia a enfermedades, entre otros [20].

2.2.4.1. Clasificación Taxonómica

Nombre común:	Tilapia Negra (tilapia del Nilo)
Familia:	Cichlidae (Ciclidos)
Subfamilia:	Pseudocrenilabrinae
Género:	Oreochromis
Especie:	*Oreochromis niloticus*

La tilapia roja proviene del cruzamiento de las siguientes especies

Oreochromis mossambica (Tilapia Mozambique)

Orechromis aureus (Tilapia Dorada)
Orechromis homnorum (Tilapia Mojarra)
Oreochromis niloticus (Tilapia del Nilo)

El nombre de tilapia roja no responde a un nombre científico; debido a su origen que es el producto del cruce de cuatro especies, de las cuales, tres son de origen africano y una israelita [20].

2.2.4.2. Morfología Externa

La familia de peces Cichlidae, caracterizada por la presencia de ellos de tonalidad oscura, presentan un solo orificio nasal a cada lado de la cabeza, sirven como entrada y salida para la cavidad nasal, en cuando al cuerpo, de contextura comprimida, discoidal y raramente alargado.

Con respecto a la boca, generalmente ancha, de gruesos labios; posee dientes cónicos en las mandíbulas y en ocasiones incisivos. Presenta membranas branquiales unidas por 5 o 6 radios branquiostegos y un número de branquiespinas, según la especie [21].

Figura 3: Morfología externa de la Tilapia [21]

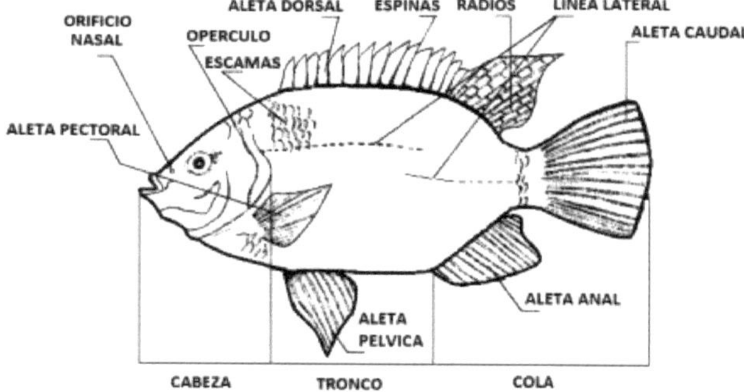

2.2.4.3. Morfología interna

Comenzando por la boca, en su interior presenta dientes mandibulares que pueden ser unicuspides, bicúspides y tricúspides según las distintas especies, continua del esófago hasta el estómago y del intestino que posee forma de tubo hueco y redondo que se adelgaza luego del píloro [21].

El esqueleto de tilapia presenta una columna vertebral bien definida, en cuanto con las espinas las tres cuartas hasta su terminación en unos pequeños huesos llamados hipurales, donde se encuentra la aleta cauda [21].

Figura 4: Morfología interna de la Tilapia[21]

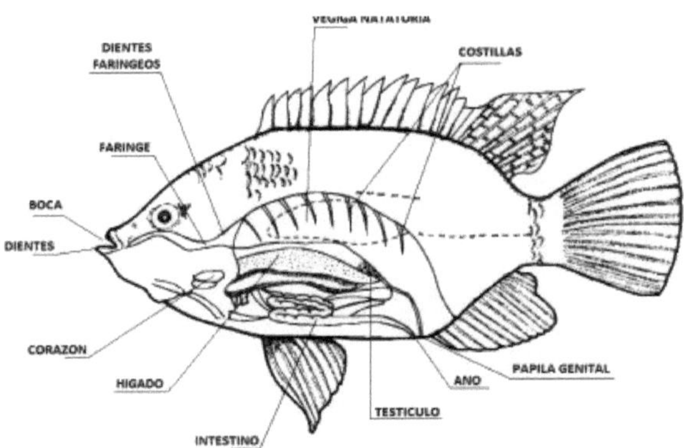

La tilapia por su alimentación que es a base de algas y otros organismos suspendidos en la columna del agua es considerada como un pez omnívoro en su fase inicial, luego herbívoro o fitoplanctívoro. Por otra parte, posee espinas a lo largo de los arcos de cartílago los cuales sostienen las branquias, y cuya función se atribuye a la filtración del material del agua que pasa por su boca [21].

2.2.4.4. Mercado global de tilapia

La tilapia se lo caracteriza por ser un pescado de carne blanca con un sabor delicado, textura suave, además de no tener espinas, tiene un bajo contenido de calorías, es por eso que su comercialización se maneja por los productores que en ocasiones también distribuyen el producto siendo de manera directa o indirecta mediante la implementación de intermediarios y estos se venden como: reproductores, vivos, fresca o en filete y congelados [21].

En cuanto a la comercialización de tilapias debe cumplir para su exportación con las normas ISO 9000, con normas de calidad internacionales acogiéndose al mercado de destino. Siendo este quien regula su precio [21].

2.2.5. Generalidades del romero

El romero *(R. officinalis L.)*, una planta del mediterráneo proveniente del griego "(rhos y myrinos)" que significa "arbusto marino" debido a que crece en las costas, se la encuentra de manera silvestre en zonas rocosas y silvestres, su estructura consta de tallos prismáticos, las hojas son estrechas, agudas y pequeñas, en cuanto a su tamaño este varia de 0.5 a 1 metro de altura [1].

2.2.5.1. Composición Química del Romero

El aceite esencial obtenido del romero es uno de los compuestos más estudiados de manera cualitativa, algunas investigaciones [22], [23], [24], indican que debido a la zona geográfica donde se ubica su sembrío, genera presencia de diferentes tipos de moléculas bioactivas; dependiendo de las distintas variedades de la planta. En cuanto a la composición química este tipo de sustancia posee diferentes componentes activos los cuales se han identificado como a-pieno, B-pineno, canfeno, esteres terpenicos como el 1,8-cineol, alcanfor, linalol, verbinol, terpineol, carnosol, rosmanol, isorosmanol, 3-octanona, isobanil-acetato y B-cariofilen; los ácidos vanilico, cafeico, clorogenico, rosmarinico, carnosico, ursolico, oleanolico, butilinico, betunilico, betulina, a-amirina, B-amirina, borneol, y acetato de bornilo [1].

Figura 5: Estructura química de compuestos activados encontrados en el Romero (Rosmarinus officinalis L.) [1]

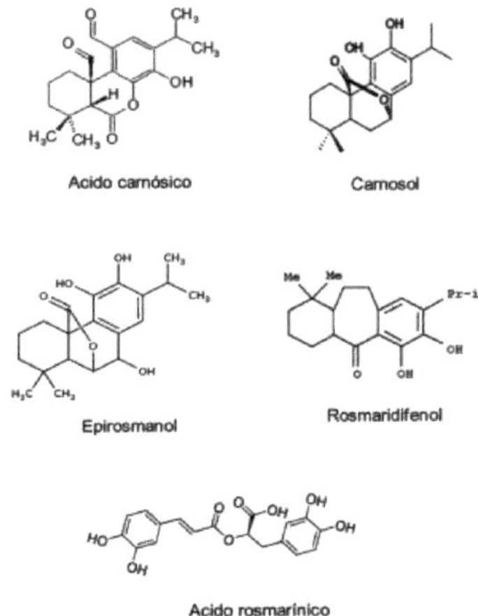

En las hojas de la planta se presenta un alto contenido de ácido rosmarinico con su derivado rosmaricina, también se encuentra el ácido carnósico, es una sustancia inestable debido a la degradación que se produce si es expuesta a la luz, al incremento de temperatura y a la presencia de oxigeno lo que oxidaría el extracto formando carnosol, rosmanol, epirosmanol y 7-metil-epirosmanol [1].

2.2.5.2. Capacidad antioxidante

La presencia del ácido carmósico, carmasol y el ácido rosmariníco, hacen del romero una planta con mejores propiedades antioxidantes en productos cárnicos que el Butilhidroxitolueno (BHT), que es un antioxidante sintético, posee gran efectividad contra bacterias Gram positivas como *Bacillus, E. coli, Salmonella,* además tiene el efecto de sensibilizar la membrana celular de microorganismos hasta que las células colapsen [25].

2.2.5.3. Utilización en la industria de alimentos

En la industria alimentaria el extracto de romero se caracteriza por tener varias aplicaciones, lo que muestra un gran interés en los bioactivos que posee la planta, este tipo de sustancias se ha empleado en productos cárnicos con el fin evitar la oxidación lipídica [1].

Tabla 2: Resumen de aplicaciones potenciales del extracto de romero (Rosmarinus officinalis L.) [1]

Efecto	Forma de utilización
Actividad Antioxidante	Aceite esencial
	Extracto acuoso
	Hojas de romero
Actividad antioxidante y antibacteriana	Extracto etanólico
Actividad bacteriostática	Extracto etanólico

2.3. Marco Contextual

2.3.1. pH

Con respecto a calidad en pescados el pH otorga cierta información acerca de su condición, el proceso se lleva a cabo mediante un pH-metro, en donde se coloca un electrodo directamente en la carne en suspensión de agua destilada [26].

2.3.2. Métodos microbiológicos

Los análisis microbiológicos en productos pesqueros consisten en la evaluación de la presencia de bacterias u organismos que afecten a la salud, lo que mejorar la confianza con el consumidor proporcionando una impresión sobre la calidad higiénica del pescado [26].

2.3.3. Métodos bioquímicos y químicos

En la evaluación de calidad en alimentos de origen marino, dichos análisis están relacionados con la capacidad de los establecer estándares cuantitativos, que establezcan niveles de tolerancia mediante indicadores químicos de deterioro, por otra parte en el mercado internacional se requiere de la determinación de contenido de bases volátiles lo que se expresa como nitrógeno básico volátil que puede efectuarse mediante varios métodos [26].

2.4. Marco Conceptual

Se entiende por recubrimiento comestible a sustancias poliméricas naturales, cuya composición debe ser integra sin que cause daños al consumidor y al producto al que se aplica, además de que pueden aportar un valor nutricional tales como: proteínas, celulosa, almidón o entre otros [27].

El objetivo de estos empaques es la de "inhibir la migración de humedad", oxigeno, dióxido de carbono, aroma, lípidos, también su uso está destinado para el transporte de antioxidantes, antimicrobianos y sabores e impartir integridad mecánica [27].

Por otra parte la utilización de películas y recubrimientos comestibles no pretende la sustitución de empaques sintéticos que actualmente se usa en la industria de alimentos, sino su utilidad radica en la capacidad de actuar como un accesorio cuya función es la de mejorar la calidad de un alimento permitiéndole extender su vida útil, así mismo mediante la incorporación de sustancias que enriquezcan las propiedades de los recubrimientos **[28]**.

En cuanto la aplicación de recubrimientos comestibles (RC) en frutas, le confieren buenas condiciones en cuanto a su atmosfera, reduciendo el deterioro y la maduración en frutas climatérica, además la habilidad de los RC para la modificación en el transporte de gases es de gran importancia en alimentos frescos como frutas y vegetales, por otra para la aplicación a frutas generalmente se la realiza mediante inmersión en una sustancia que forme la cobertura, seguida rápidamente por un escurrido – secado del exceso de la solución y luego pasa a refrigeración con el fin que se adhiera totalmente al producto [29].

Otro estudio indica la obtención de recubrimientos comestibles a partir del quitosano y la adición de aceites esenciales, cuyo objetivo es el de alargar la vida útil y detener el deterioro microbiano en productos como la tilapia en México, el recubrimiento luego de ser obtenido se aplicó a las muestras de tilapias mediante inmersión, posteriormente se almacenaron en un periodo de 21 en hielo para la realización de análisis físicos, bioquímicas y microbiológicas, los resultados mostrados de los análisis muestra que la combinación de quitosano – carvacrol es viable en la inhibición de microorganismos y el deterioro de la carne del pescado [30].

El romero se considera una planta con usos múltiples, tanto de forma farmacológica y de forma industrial, debido a su composición en la cual posee propiedades nutritivas y medicinales, debido a que sus ingredientes activos como flavonoides, ácidos fenólicos y principios amargos, hay gran acción en casi todo el organismo humano, en cuanto a su capacidad como antioxidante se debe a los ácidos caféicos y rosmarinico, a pesar que tiene muchos beneficios, una de sus desventajas es su oxidación si se expone al aire, además se degrada a altas temperaturas y a la exposición a la luz [1].

2.4.1. T student

Se define como una distribución de probabilidad la cual surge del problema de estimar la media de una población normalmente distribuida cuando el tamaño de la muestra es pequeño [31].

2.4.2. Prueba Wilcoxon

Se define como una prueba no paramétrica la cual compara dos muestras relacionadas, esta se utiliza para la comparación de mediciones de rangos y determinar que la diferencia no se deba al azar [32].

2.5.Marco Legal

Los recubrimientos y películas comestibles son considerados como adictivos alimentarios según lo establecido en la normativa NTE INEN 2074 "ADICTIVOS ALIMENTARIOS PERMITIDOS PARA COMSUMO HUMANO. LISTAS POSITIVAS. REQUISITOS." Ver **Anexo 3** [33].

La normativa empleada para análisis de calidad en pescado refrigerado es la NTE INEN 0183 "PESCADO FRESCOS, REFRIGERADOS Y CONGELADO", ver **Anexo 3** [34].

Para los análisis microbiológicos en pescados se utilizo la normativa NTE INEN 1896:2013 "PESCADOS FRESCOS REFRIGERADOS O CENGELADOS DE PRODUCCION ACUICOLA. REQUISITOS", que se podrá observar en el **Anexo 3** [35].

CAPÍTULO 3

3. MARCO METODOLÓGICO

3.1. Diseño de la investigación

El tipo de diseño que se realizará en el trabajo es del tipo experimental y estadístico, ya que se elaboro un recubrimiento comestibles a partir de una formulación dada.

Este trabajo de investigación se basará en una investigación experimental y estadística donde se realizarán pruebas que permitan la elaboración de un recubrimiento comestible con la concentración adecuada.

3.2. Tipo de investigación

El tipo de investigación es de tipo exploratorio, porque se trabaja con investigaciones previas de diferentes tipos de recubrimientos comestibles y del tipo experimental por que se realizaran experimentaciones con diferentes concentraciones de aceite esencial de romero.

3.3. Materiales y Equipos

3.3.1. Materia prima

- ✓ Almidón de yuca
- ✓ Agua destilada
- ✓ Glicerina líquida
- ✓ Aceite esencial de romero

3.3.2. Equipos

- ✓ Balanza análoga
- ✓ Balanza digital
- ✓ Hornilla eléctrica
- ✓ Equipo hidrodestilador
- ✓ Batidora de mano
- ✓ Potenciómetro
- ✓ Colorímetro
- ✓ Cabina de flujo laminar
- ✓ Autoclave

3.3.3. Materiales

- ✓ 2 hieleras de espuma Flex
- ✓ 3 cuchillos
- ✓ 1 rollo de papel aluminio
- ✓ 1 paquete de 25 platos de espumafon de 30cm x 20cm
- ✓ 1 rollo de plástico de 5 metros
- ✓ Termómetro
- ✓ 1 recipiente de plástico de 40cm x 40cm
- ✓ 1 vidrio reloj
- ✓ 1 probeta de vidrio de 250ml
- ✓ 6 vasos de precipitación de 600ml

3.4. Procedimiento experimental

3.4.1. Extracción del aceite esencial de romero

3.4.1.1. Acondicionamiento de la materia prima

Se obtuvo las ramas de la planta de romero en la compañía "Green Garden", las cuales se transportaron al laboratorio de Microbiología de alimentos en la universidad de Guayaquil, donde se realizó el proceso de desoje, pesado y lavado.

3.4.1.2. Hidrodestilación

Se pesaron tandas de 300 gramos de las hojas de romero, luego se las colocó en un hidrodestilador con 1.5 litros de agua. Posterior se procede a encender el equipo con la materia compuesta por el romero la cual es sometida a calentamiento y cuando caiga la primera gota de la destilación se procede a cuantificar el tiempo hasta los 15 minutos. Para finalizar el proceso se almacena el destilado con el fin de evitar su oxidación.

3.4.2. Elaboración del recubrimiento comestible

3.4.2.1. Agitación 1

Se utilizó un baño maría a una temperatura de 70°C donde se sometió a calentamiento el almidón de yuca y el agua destilada y con una batidora se procedió se agitó a 3600 rpm hasta que se produjo el fenómeno de gelatinización.

3.4.2.2. Agitación 2

A continuación, se añadió glicerina sobre la mezcla de almidón de yuca – agua, para luego continuar con la agitación por 30 min.

3.4.2.3. Enfriamiento

Después de obtenerse el punto de gelatinización y lograr el recubrimiento comestible, éste es retirado del recipiente, dejándolo enfriar hasta temperatura ambiente. Una vez alcanzada dicha temperatura se añadió el aceite esencial de romero agitando de forma constante por 5 minutos para luego proceder a su almacenamiento en refrigeración a 4°C.

3.4.3. Aplicación del recubrimiento comestible

3.4.3.1. Recepción de materia prima

Las 28 tilapias *rojas* se la obtuvieron de los criaderos de piscina de tilapias de la finca "La fortaleza", ubicada en el limón, Santa Elena, Ecuador, se las colocaron dentro de dos hieleras, cubiertas con capadas de hielo con el fin de evitar la degradación prematura [36].

3.4.3.2. Pesado de tilapias rojas

Las tilapias fueron transportadas al mercado de sauces 9, Guayaquil - Ecuador, donde se realizó el pesado.

3.4.3.3. Acondicionamiento de la materia prima

A las tilapias se les aplicó un proceso de faenado, fileteado. Y a los filetes obtenidos se los procedió a limpiarlos para remover cualquier materia no uniforme, para continuar con el pesado y almacenamiento con varias capas de hielo dentro de un contenedor plástico, para finalmente ser transportadas al laboratorio donde se llevará a cabo el resto del proceso del tratamiento de la materia prima.

3.4.3.4. Selección de grupos

En el laboratorio de microbiología, se procedió a colocar los filetes en una cabina de flujo laminar y con una balanza digital se pesaron los filetes logrando obtener dos grupos con igual peso.

3.4.3.5. Embalaje de los filetes de tilapia sin recubrimiento

El grupo de filetes de tilapias sin recubrimiento (grupo 1), se los distribuyó en subgrupos de 300 gramos, colocándolos en platos de espuma de poliestireno y cubriéndolos con plástico envolvente y se almacenaron en refrigeración a 4°C.

3.4.3.6. Aplicación del recubrimiento y Secado

El grupo de tilapias con aplicación de recubrimiento (grupo 2), fueron sumergidas en el recubrimiento comestible durante 2 min y posterior se dejó escurrir por 30 segundos con el fin de retirar el exceso. Luego de cumplir el tiempo estimado se almacenaron a 4°C por 5 min y de allí las muestras son sumergidas en el recubrimiento por segunda ocasión. Así mismo se retira el exceso considerando los mismos tiempos de proceso.

3.4.3.7. Embalaje de tilapia con recubrimiento

Se procede al retiro de las muestras en refrigeración, se las distribuyó en subgrupos de 300 gramos. Se procede a colocar en platos de espuma de poliestireno y nuevamente se los cubrió con plástico envolvente, para almacenarlos a 4°C.

3.5. Análisis físicos de los filetes de tilapia

3.5.1. Procedimiento para la toma de datos

1. Retirar de la refrigeración dos platos de muestras. Uno con y otro sin recubrimiento para luego colocarlo en la cámara de flujo laminar.
2. Pesar 20 g. de cada muestra retirando previamente el recubrimiento plástico de la muestra.
3. Cortar la muestra seleccionada en trozos pequeños.
4. Envolver por segunda ocasión los platos y almacenarlos a temperatura de 4°C.
5. De las cantidades de muestra reportada se dividen cada una en dos subgrupos con peso igual.

3.5.2. Pruebas físicas

3.5.2.1. Toma de pH

Para esto se aplicó el método descrito en "Recommended Laboratory Methods for Assessment of Fish Quality", en el laboratorio de Microbiología de Alimentos, en la facultad de Ingeniería Química, utilizando:

- pH metro
- Licuadora

Materiales

- 4 vasos de precipitación

Reactivos

- Solución buffer tampón pH 4, pH7 y pH 10

Procedimiento

1. Mezclar 10 g de trozos de pescado con 20 ml de agua destilada (a temperatura ambiente) en la licuadora por 1 minuto.
2. Verter la mezcla dentro de un vaso de precipitación e introducir los electrodos dentro de la mezcla.
3. Agitar los electrodos en la mezcla hasta la estabilización de la lectura de valores.
4. Realizar una repetitividad de lectura de datos para corroborar la información.
5. Realizar una media aritmética de los datos obtenidos.

3.5.2.2. Lectura de color

Para este procedimiento se consideró la utilización del colorímetro del Instituto de Tecnología de la facultad de Ingeniería Química, previamente calibrado.

Procedimiento para la lectura

1. Colocar la muestra de filete con un radio entre 5 y 4cm en el haz de luz del colorímetro.
2. Realizar las lecturas de cada coordenada y registrar los valores obtenidos.
3. Transformar las coordenadas x, y, z a L*, a*, b* de acuerdo a la **Ecuación 14, 15, 16**
4. Realizar una repetitividad de lectura en la toma de los datos.
5. Realizar una media aritmética de los datos obtenidos.

3.5.3. Pruebas Químicos & Microbiológicos

Los análisis tanto para la toma de datos químicos y microbiológicos se realizaron en el Instituto Nacional de Pesca (INP).

Procedimiento:

Se consideró la cantidad reportada en la **Tabla 3** almacenándolas en fundas especiales para muestreo estéril, considerando su transporte con método de pilas de hielo en hielera térmica.
Los métodos de ensayo empleados por el **INP** se detallan en el **ANEXO 3**

3.5.4. Condiciones de operaciones:

Se procedió a considerar la limpieza de la Cámara de flujo laminar por 10 min con alcohol al 70% al previo a la selección de muestras. La velocidad del ventilador de la cámara era ajustada a 15Mp.

3.5.5. Esterilización de los materiales metálicos

Los materiales (cuchillos, bandeja metálica) se esterilizaron aplicando el método de calor húmedo antes de cada toma de muestra. Para este proceso se empleo la autoclave a una presión de 15psi y un tiempo de 20 minutos.

3.6. Flujo de los procedimientos experimentales

Figura 6: Flujo de proceso de la extracción del aceite esencial de romero

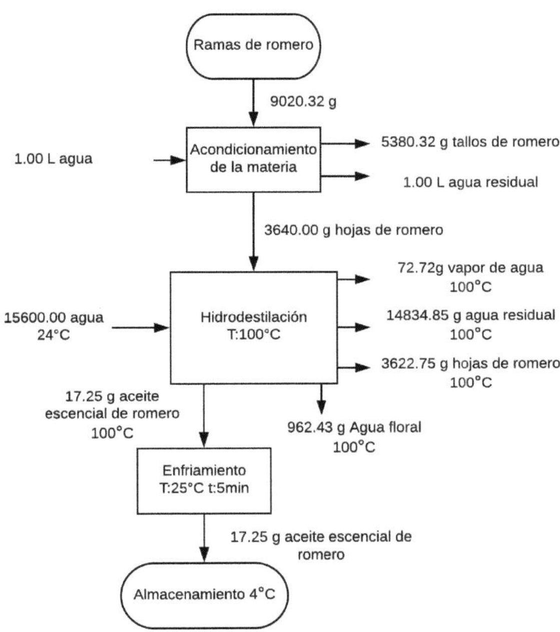

Elaborado por: (Mero y Valencia, 2018)

Figura 7: Flujo de proceso de la elaboración del recubrimiento comestible

Materia Prima

200.00g Almidón de yuca
2000.00g Agua destilada

Agitación1 hasta alcanzar T: 70°C a 3600 rpm

Gelatinización

2200.00g mezcla

50.40g glicerina 25°C

Agitación2
T: 70°C
3600 rpm
Tiempo: 30 min

2250.40g mezcla

17.25 g aceite esencial de romero 4°C

Enfriamento
T: 25°C
3600 rpm
Tiempo:5m

2267.65g Recubrimiento comestible 25°C

Almacenamiento
4°C

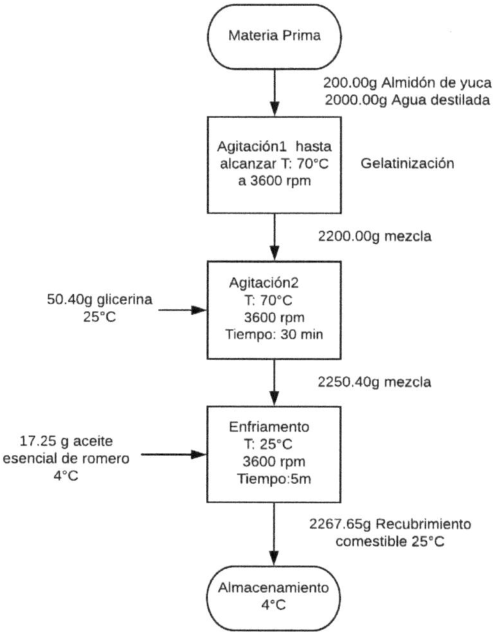

Elaborado por: (Mero y Valencia, 2018)

Figura 8: Flujo de proceso de la aplicación del recubrimiento comestible

28 Tilapias rojas

Pesado de tilapias rojas

13.50 kg tilapia rojas

2 L agua destilada

Acondicionamiento de la materia prima T: 10°C

8.10 kg Residuos de tilapia rojas

2 L agua residual

5.40 kg filetes T:10°C

Selección de grupos

T:4°C

Con recubrimiento

2.70 kg de filetes

2.27kg recubrimiento comestible 4°C

1era Aplicación del recubrimiento a 4°C Tiempo de inmersión: 2min

0.77kg Recubrimiento comestible 4°C

4.20 kg filetes con recubrimiento

Secado1 a 4°C Tiempo: 5 min

0.53kg recubrimiento

Sin Recubrimiento

3.67 kg filetes con recubrimiento

2da Aplicación del recubrimiento a 4°C Tiempo de inmersión: 2min

0.30kg recubrimiento comestible

4.14 kg de filetes con recubrimiento

Secado2 a 4°C Tiempo: 30 min

1.35kg recubrimiento

2.79 kg filetes con recubrimiento

2.70 kg filetes

Embalaje T:10°C

2.79 kg filetes con recubrimiento

2.70 kg filetes

Almacenamiento T: 4°C

Almacenamiento T: 4°C

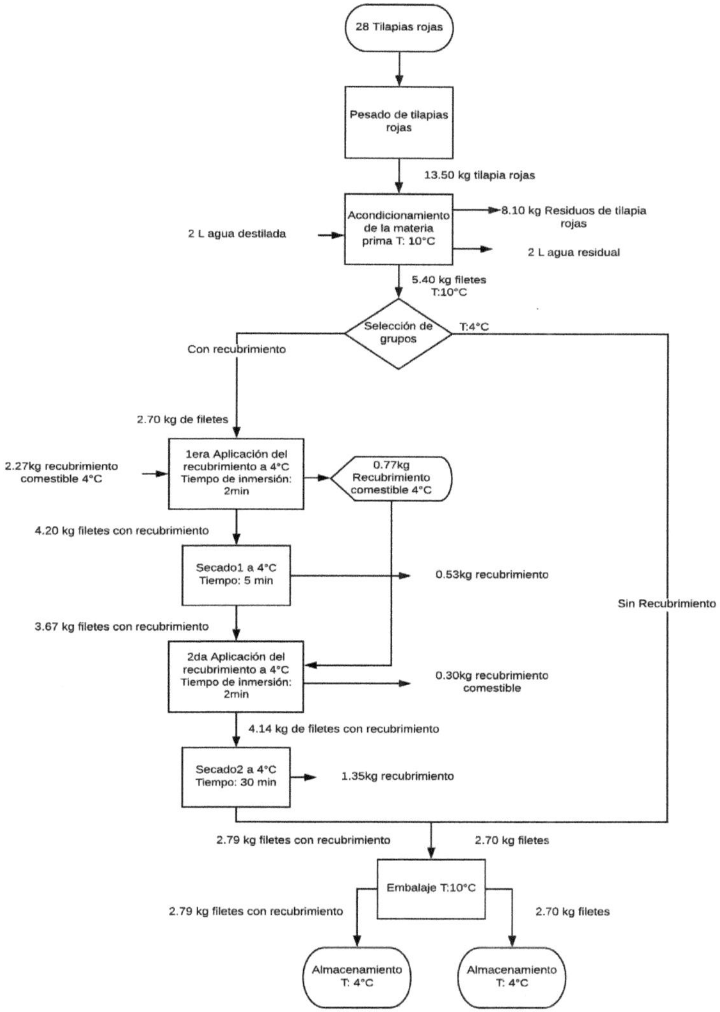

Elaborado por: (Mero y Valencia, 2018)

3.7. Balance de Materia

3.7.1. Balance de materia del flujo de proceso de la aplicación del recubrimiento comestible

Acondicionamiento de la materia prima

De las 28 tilapias rojas enteras, se obtuvieron la siguiente cantidad de filetes:

$$28\ Tilapias\ rojas\ enteras = 13.5kg$$

$$Entrada = salida$$

$$TR = FT + RT$$

$$13.50kg = FT + 8.10kg$$

$$FT = 13.50kg - 8.10kg = 5.40kg$$

Donde:

TR: 28 Tilapias rojas enteras(kg)

FT: Filetes de tilapias(kg)

RT: Residuos de tilapias rojas(kg)

Selección de grupos

Se procedió a dividir en dos grupos:

$$Entrada = salida$$

$$FT = FT_1 + FT_2$$

$$FT_1 = FT_2$$

$$FT = 2FT_1$$

$$FT_1 = \frac{FT}{2}$$

$$FT_1 = \frac{5.40kg}{2} = 2.70kg$$

$$FT_2 = 2.70kg$$

Donde:

FT: Filetes de tilapias(kg)

FT_1: Grupo#1 de filetes de tilapias(kg)

FT_2: Grupo#2 de filetes de tilapias(kg)

1era Aplicación del recubrimiento

En esta etapa se incluye el recubrimiento comestible y los filetes de tilapia roja.

$$FT_2 + RC = RC_R + FTA1_2$$
$$2.70kg + 2.27kg = 0.77kg + FTA1_2$$
$$FTA1_2 = 2.70kg + 2.27kg - 0.77kg = 4.20kg$$

Donde:

FT_2: Grupo#2 de filetes de tilapias(kg)

RC: Recubrimiento comestible(kg)

RC_R: Residuos de recubrimiento comestible(kg)

$FTA1_2$: Filetes de tilapia con recubrimiento(kg)

Secado 1

En esta etapa, parte del líquido del recubrimiento se evapora en la refrigeradora.

$$FTA1_2 = RP + FTS1_2$$
$$4.20kg = RP + 3.67kg$$
$$RP = 4.20kg - 3.67kg = 0.53kg$$

Donde:

$FTA1_2$: Filetes de tilapia con recubrimiento(kg)

RP: Recubrimiento perdido en el secado(kg)

$FTS1_2$: Filetes de tilapia secos(kg)

2da Aplicación

En esta etapa, se agrega el recubrimiento que se empleo en la 1ra aplicación y los filetes de tilapia roja ya secos con el recubrimiento.

$$FTS1_2 + RC_R = R1C_R + FTA2_2$$
$$3.67kg + 0.77kg = 0.30kg + FTA2_2$$
$$FTA2_2 = 3.67kg + 0.77kg - 0.30kg = 4.14kg$$

Donde:

$FTS1_2$: Filetes de tilapia secos(kg)

RC_R: Residuo de Recubrimiento comestible (kg)

$R1C_R$: Residuos de recubrimiento comestible después de la 2da aplicación(kg)

$FTA2_2$: Filetes de tilapia con la segunda aplicación del recubrimiento(kg)

Secado2

En esta etapa así mismo, parte del líquido del recubrimiento de los filetes de tilapia se evapora.

$$FTA2_2 = RP1 + FTS2_2$$
$$4.14kg = RP1 + 2.79kg$$
$$RP1 = 4.14kg - 1.35kg = 2.79kg$$

Donde:

$FTA2_2$: Filetes de tilapia con recubrimiento(kg)

RP1: Recubrimiento perdido en el secado(kg)

$FTS2_2$: Filetes de tilapia secos(kg)

Balance Global

Ecuación 1: Balance global de tilapia sin recubrimiento

$$TR = RT + FT_1$$

Ecuación 2: Balance global de material de filetes de tilapia con recubrimiento

$$TR + RC = RT + FTA2_2 + RC_R + RP + RP1$$

3.7.2. Balance de materia de la elaboración del recubrimiento comestible

Agitación 1

En esta etapa se mezcla la materia prima y se la somete a agitación mientras se la caliente en un baño maría.

$$AY + A = M$$
$$M = 200.00g + 2000.00g = 2200.00g$$

Donde:

AY: Almidón de yuca(g)

A: Agua Destilada(g)

M: Mezcla de almidón de yuca y agua destilada (g)

Agitación 2

En esta etapa se añade la glicerina.

$$M + G = MG$$
$$2200.00g + 50.40g = 2250.40g$$

Donde:

M: Mezcla de almidón de yuca y agua destilada (ml).

G: Glicerina (g).

MG: Mezcla de almidón de yuca, agua y glicerina (g).

Enfriamiento

$$MG + R_a = RC$$

$$2250.40g + 17.25g = 2267.65g$$

Donde:

MG: Mezcla de almidón de yuca, agua y glicerina (g).

R_a: Aceite esencial de romero (g)

RC: Recubrimiento comestible (g)

Balance global

Ecuación 3: Balance global del recubrimiento comestible

$$AY + A + G + R_A = RC$$

3.7.3. Balance de materia del proceso de extracción del aceite esencial de romero

Acondicionamiento de la materia prima (desojado).

$$R_{r+h} = R_h + R_r$$

$$9020.32g = 3643.56kg + R_r$$

$$R_r = 9020.32g - 3640.00g = 5380.32g$$

Donde:

R_h: Hojas de romero (g)

R_r: Ramas de romero (g)

R_{r+h}: Planta de romero (g)

Balance de energía de destilación

Se realizaron 12 destilaciones por proceso batch para la extracción del aceite esencial de romero. A continuación, se describe el balance de energía, para obtener la cantidad de vapor perdido en el proceso.

Hidrodestilación

Los datos propios medidos en esta investigación fueron la cantidad de agua, el tiempo de operación y la temperatura ambiente. El resto fue obtenido de los resultados de otra investigación. [37]

Ecuación 4: Balance de energía del hidrodestilador

$$Q_{hornilla} = Q_{solvente}(sensible + latente) + Q_{balón} + Q_{radiación}$$

$$P_h \cdot t = m_{H_2O} \cdot Cp_{H_2O}\left(Te_{H_2O} - T_a\right) + mv_{H_2O} \cdot \lambda_{H_2O} + m_b \cdot Cp_b \cdot (T_e - T_a) + 0.75 \cdot P_h \cdot t_o$$

$$750\tfrac{J}{s} \cdot 2400.00s = 1300.00g \cdot 4.187\tfrac{J}{g \cdot °C}(100.00°C - 24.00°C) + mv_{H_2O} \cdot 2258.67\tfrac{J}{g} + 350.00g \cdot 0.85\tfrac{J}{g \cdot °C} \cdot (100.00°C - 24.00°C) + 0.75 \cdot 750\tfrac{J}{s} \cdot 2400.00s$$

$$1800000.00J = 413675.60J + mv_{H_2O} \cdot 2258.67\tfrac{J}{g} + 22628.62J + 1350000.00J$$

$$mv_{H_2O} = \frac{1800000.00J - 22628.62J - 1350000.00J - 413675.60J}{2258.67\tfrac{J}{g}} = 6.06g$$

$$Total\, mv_{H_2O} = 12\, repeticiciones \cdot \frac{6.06g}{repetición} = 72.72g$$

Donde:

$Q_{homilla}$: Calor producido por la hornilla eléctrica (J/s)

$Q_{solvente}$ (sensible + latente): Calor sensible y latente del agua

$Q_{balón}$: Calor sensible del balón (J)

$Q_{radiación}$: Calor perdido igual a 0.75 Q (J)

Cp_{H2O}: Calor sensible del agua (J/g·°C)

Cp_b: Calor sensible del balón (J/g· °C)

m_{H2O}: Masa de agua introducida en la olla (g)

m_b: Masa del balón (g)

mv_{H2O}: Masa de vapor del agua(g)

p_h: Potencia de la hornilla (J/s)

t_o: Tiempo de operación (s)

T_a: Temperatura ambiente (°C)

T_e: Temperatura de ebullición del agua (°C)

λ_{H2O}: Calor latente de vaporización del agua (J/g)

Balance de materia de hidrodestilación

Balance de romero

$$R_h = RS_h + r_A$$
$$3640.00g = RS_h + 17.25g$$
$$RS_h = 3640.00g - 17.25g = 3622.75g$$

Donde:

R_h: Hojas de romero (g)

RS_h: Hojas de romero secas (g)

r_a: aceite de romero (g)

Balance de agua

$$A = A_f + m_{vH_2O} + A_r$$
$$15600.00g = 962.43g + 72.72g + A_r$$
$$A_r = 15600.00g - 962.43g - 72.72g = 14834.85g$$

Donde:

A: agua empleada para la hidrodestilación (g)

A_f: Agua floral (g)

A_r: Agua residual (g)

mv_{H2O}: masa de vapor de agua (g)

Balance global

Ecuación 5: Balance global de la extracción del aceite esencial de romero

$$R_{R+h} + A = A_F + mv_{H_2O} + A_r + R_r + RS_h$$

3.8. Cálculos

3.8.1. Composición del recubrimiento comestible

Se detalla a continuación la composición del componente:

Tabla 3: Composición del recubrimiento comestible

Recubrimiento comestible	Composición (g)	Composición (%)
Agua	2000.00	88.20
Almidón de yuca	200.00	8.82
Glicerina	50.40	2.22
Aceite esencial de romero	17.25	0.76
Total	2267.65	100%

Elaborado por: (Mero y Valencia, 2018)

3.8.2. Viscosidad, pH y densidad del recubrimiento

Se realizó la toma de la viscosidad, masa y volumen del recubrimiento por duplicado a una temperatura de 4°C. El pH se lo tomó a una temperatura de 25°C.

Tabla 4: Características del recubrimiento comestible

Variables dependientes	Recubrimiento comestible		Promedio
	Muestra#1	Muestra#2	
Masa (g)	24.20	23.9	24.05
Volumen (ml)	21.00	21.00	21.00
Viscosidad	21.00	19.0	20.00
pH (pH)	6.48	6.47	6.48

Elaborado por: (Mero y Valencia, 2018)

El cálculo de la densidad se efectuó de acuerdo a la ecuación de la densidad, como se detalla a continuación.

Ecuación 6: Densidad

$$\rho = \frac{m}{v}$$

Fuente: (Arquímedes, sin fecha)

Donde:

m: masa del recubrimiento (g)

v: volumen del recubrimiento (ml)

$$\rho = \frac{24.05g}{21.00ml} = 1.15\ g/ml$$

3.8.3. Distribución de filetes de pescado

La cantidad de platos fue sacada, dividiendo el peso total de los filetes con recubrimiento para 300 gramos de filetes con recubrimiento, considerando para dichos valores solo números enteros.

Ecuación 7: Distribución de filetes de tilapia en platos

$$\#de\ platos = \frac{\text{peso total de los filetes con recubrimiento } g}{300g}$$

Muestra con recubrimiento:

$$\#de\ platos = \frac{2790g}{300g} = 10\ platos$$

Para la muestra, sin recubrimiento, fue de:

$$\#de\ platos = \frac{2700g}{300g} = 9\ platos$$

3.8.4. Distribución de filetes de pescado para los análisis físicos, químicos y microbiológicos

A continuación, se presenta la distribución en gramos del filete de pescado en un intervalo de 5 días.

Tabla 5: Distribución de masa de los filetes de tilapia roja para análisis físico, químico y microbiológicos

Análisis		Diario		Total (5 Días)		Total, por análisis en 5 días
		Grupo#1 (g)	Grupo#2 (g)	Grupo#1 (g)	Grupo#2 (g)	Muestras totales (g)
FISICO	pH	20.00	20.00	100.00	100.00	200.00
	Color	10.00	10.00	50.00	50.00	100.00
MICRO	Coliformes totales	100.00	100.00	500.00	500.00	1000.00
	Aerobios	100.00	100.00	500.00	500.00	1000.00
	Vibrio spp	100.00	100.00	500.00	500.00	1000.00
QUIMICO	TVB	100.00	100.00	500.00	500.00	1000.00
	Nitrógeno	100.00	100.00	500.00	500.00	1000.00
Total		530.00	530.00	2650.00	2650.00	5300.00

Fuente: (Recommended Laboratory Methods for Assessment of Fish Quality, 1986, NTE INEN 18956, 2013)

Elaborado por: (Mero y Valencia, 2018)

3.8.5. Análisis estadístico

Para determinar si el recubrimiento comestible tiene algún efecto, se considero el método t – student de muestra pareadas o relacionadas para 2 grupos. Considerado los requisitos a cumplir:

1. Las variables dependientes deben ser continua. (Intervalos o rangos).
2. Muestras o grupos relacionados
3. Distribución normal
4. No valores atípicos

De los 4 requisitos escritos, 3 requerimientos se cumplen:

1. Las variables dependientes (análisis físicos, químicos y microbiológicos) son del tipo continua.
2. Ambos son grupos que trabajan con filetes de tilapia roja.
3. No existe valor atípico de los datos tomados.

3.8.5.1. Distribución normal

Para determinar si un grupo tiene distribución normal se aplicó una prueba de bondad de ajuste, siendo la prueba de Shapiro-Wilk, que no exceda mas de los 50 datos.

Ecuación 8: Test de Shapiro-Wilk para normalidad

$$W = \frac{\left(\sum_{i=1}^{n} a_i x_{(i)}\right)^2}{\sum_{i=1}^{n}(x_i - \bar{x})^2}$$

Fuente: (Shapiro & Wilk, 1965)

Donde:

x_i: son los valores ordenados, del menor al mayor siendo x_1 el menor valor.

$\bar{x}$: la media aritmética de todos los valores.

a: son constantes generadas de las medias, varianzas y covarianzas de un orden estadístico de una muestra con tamaño N de una distribución normal.

3.8.5.2. Prueba pareada t – Student (paramétrica)

En caso de que se cumpla una distribución normal en los datos del grupo#1 y grupo#2 se procedió a realizar una prueba de comparación de medias en poblaciones, conocido como la Prueba t-student. Existe 2 tipos de prueba para el t-student: una que asume igualdad entre las variancias poblaciones de ambos grupos y la 2da que no asume tal caso. Por lo que se realizó una prueba F-Snedecor para comprobar de que tipo es.

Cálculo de la varianza

Ecuación 9: Varianza estadística

$$s^2 = \frac{\sum(x_i - \bar{\bar{x}})^2}{n - 1}$$

Fuente: (Fisher, 1919)

Donde:

x_i: son los valores del grupo de la muestra desde el primero hasta el último.

$\bar{x}$: la media aritmética de todos los valores.

n: número total de datos.

Una vez obtenido la varianza se procede a calcular el t student:

Ecuación 10: Prueba T de Student para varianzas iguales

$$t = \frac{\bar{x}_1 - \bar{x}_2}{\sqrt{s^2\left(\frac{1}{n_1} + \frac{1}{n_2}\right)}}$$

Fuente: (William Sealy Gosset, 1908)

Ecuación 11: prueba T de Student para varianza diferentes

$$t = \frac{\bar{x}_1 - \bar{x}_2}{\sqrt{\left(\frac{s_1^2}{n_1} + \frac{s_2^2}{n_2}\right)}}$$

Fuente: (William Sealy Gosset, 1908)

Hipótesis nula: La media del grupo#2 es la misma del grupo#1, no existiendo diferencia entre ambos grupos.

$$H_0: \mu_1 = \mu_2$$

Hipótesis alternativa: La media del grupo#2 es diferente del grupo#1, existiendo diferencia entre ambos grupos.

$$H_A: \mu_1 \neq \mu_2$$

Si: $t > 0.050(5\%)$, se cumple la hipótesis nula.

Si: $t \leq 0.050(5\%)$, se cumple la hipótesis alternativa.

Donde:

t: estadístico t.

$\bar{x}_1$: media del grupo 1.

$\bar{x}_2$: media del grupo 2.

S_1 y S_2: Varianza del grupo#1 y grupo#2

n: número de datos

Los resultados tanto de los análisis físicos, químicos y microbiológico obtenidos, fueron ingresados en el programa SPSS statistics 25. Se obtuvieron los valores de Sharipo-Wilk, el de las medias, las varianzas para ser comparadas. La Pruebas T test se realizó en el mismo programa.

3.8.5.3. Prueba de los rangos con signo de Wilcoxon (no paramétrica)

Para los grupos que no cumplieron con una distribución normal, se aplicó una prueba no paramétrica para muestras pareadas, denominado "Prueba de los rangos con signo de Wilcoxon". La prueba se realizó en el Programa SPSS 25.

Partiendo de la siguiente asunción:

Hipótesis nula: La mediana del grupo#2 es la misma del grupo#2, no existiendo diferencia entre ambos grupos.

$$H_0: m = m_0$$

Hipótesis alternativa: La mediana del grupo#2 es diferente del grupo#1, existiendo diferencia entre ambos grupos.

$$H_A: m \neq m_0$$

Ecuación 12: Prueba de los rangos con signo de Wilcoxon

$$W = \sum_{i=1}^{n} Z_i R_i$$

Fuente: (Wilcoxon, 1945)

Donde:

R_i: rango

Z_i: Signo de rango

Para las pruebas microbiológicas se trabajo con logaritmo base 10, se detalla la formula que se empleo para la transformación de datos.

Logaritmo base 10

Ecuación 13: Transformación a Logaritmo base 10

$$\log_{10} x = y$$

Fuente: (Leonhard Euler, Siglo XVIII)

3.8.6. Ecuaciones para determinar el color

La determinación del color se realizó en base al sistema Hunter L* a* b*

Ecuación 14: Transformación de coordenadas y a L*

$$L^* = 10 \cdot \sqrt{y}$$

Fuente: (Hunter L*a*b*, 1976)

Donde:

L^* = Coordenada en espacio de color CIEXYZ, 1931

y = Coordenada en espacio de color Hunter L*a*b*, 1976

Ecuación 15: Transformación de coordenadas x a a*

$$a^{*} = 17.5 \cdot \frac{(1.02 \cdot x - y)}{\sqrt{y}}$$

Fuente: (Hunter L*a*b*, 1976)

Donde:

a^{*} = Coordenada en espacio de color CIEXYZ, 1931

x = Coordenada en espacio de color Hunter L*a*b*, 1976

Ecuación 16: Transformación de coordenadas z a b*

$$b^{*} = 7 \cdot \frac{(y - 0.847 \cdot Z)}{\sqrt{y}}$$

Fuente: (Hunter L*a*b*, 1976)

Donde:

b^{*} = Coordenada en espacio de color CIEXYZ, 1931

z = Coordenada en espacio de color Hunter L*a*b*, 1976

CAPÍTULO 4

4. RESULTADO Y ANÁLISIS

4.1. RESULTADO DE PRUEBA FÍSICAS

4.1.1. pH

Tabla 6: pH de filetes de tilapia

	Grupo#1			**Grupo#2**		
Días de almacenamiento (días)	**Toma 1 (pH)**	**Toma 2 (pH)**	**Promedio (pH)**	**Toma 1 (pH)**	**Toma 2 (pH)**	**Promedio (pH)**
1	6.60	6.70	6.65	6.51	6.47	6.49
2	6.52	6.36	6.44	6.48	6.10	6.29
4	6.73	6.72	6.73	6.33	6.60	6.47
7	6.66	6.44	6.55	6.14	6.35	6.25
10	6.45	6.35	6.40	6.37	6.39	6.38

Elaborado por: (Mero y Valencia, 2018)

Figura 9: pH vs días de almacenamiento

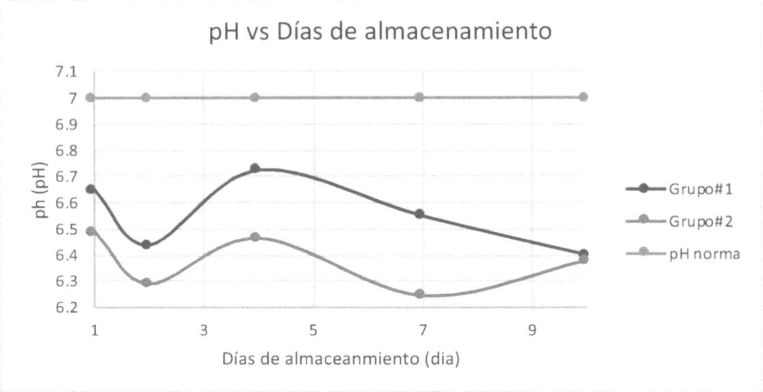

Elaborado por: (Mero y Valencia, 2018)

Tabla 7: Análisis estadístico del pH

pH	Media	Varianza	Shapiro-Wilk	Distribución	T-student	Hipótesis
Grupo#1	6.553	0.019	72.185%	Normal	2.237%	Alternativa
Grupo#2	6.374	0.011	48.548%	Normal		

Elaborado por: (Mero y Valencia, 2018)

La **tabla** 5, muestra que, para ambos grupos, la media de resultados de pH se mantiene en un valor de entre 6 y 7, una varianza aproximada a cero, por lo que estos datos no están tan alejados de la media. El índice de Shapiro-Wilk esta por encima del 5.000% entonces demuestra que los datos de ambos grupos siguen una distribución normal. Para la prueba t-test, el valor t es de 2.237%, menor al 5.000% de la hipótesis nula, por tanto, se logró identificar diferencia entre ambos grupos.

Esta diferencia que se obtuvo pudo ser originada por la acidez del recubrimiento comestible que fue añadido en el grupo #2, como se muestra en la **figura 9** que el valor de pH del grupo#2 se igualó al día 10. De manera diferente actuó el recubrimiento comestible a partir de almidón de yuca y enriquecido con aceites esenciales de *Kaempferia rotunda* y *Curcuma xanthorrhiza* para filetes de patín refrigerado , en el que las muestras con dicho recubrimiento con 0.1% *Curcuma xanthorrhiza* presentó un incremento de 6.05 a 6.21 del pH durante 8 días del almacenamiento en tanto que su muestra de control pasó de un pH de 5.68 a 6.10, esto es atribuido por la acumulación de compuestos alcalinos que promueven el deterioro del pescado [38].

El recubrimiento elaborado a partir de almidón de yuca, aceite esencial de romero y glicerina logró reducir el pH de un valor de 6.49 a 6.38 manteniendo un pH bajo en los 10 días de almacenamiento a diferencia del grupo #1 que tuvo un pH más alto , para el caso del recubrimiento a partir de almidón de yuca y *Kaempferia rotunda* y *Curcuma xanthorrhiza* llego alcanzar un pH de 6.21 teniendo 3 días más de almacenamiento por lo que la composición del recubrimiento elaborado en el presente estudio tiene la bondad de reducir el pH de los filetes de tilapia roja.

4.1.2. Color

Tabla 8: Color del grupo #1 y 2 en coordenadas x, y, z

		Grupo#1			Grupo#2		
Días de almacenamiento (días)	**Coordenadas**	**Toma 1**	**Toma 2**	**Promedio**	**Toma 1**	**Toma 2**	**Promedio**
1	y	20.5	26.3	23.4	26.3	26.3	26.3
	x	22.5	27.5	25.0	27.5	30.4	29.0
	z	20.5	26.0	23.3	26.0	26.0	26.0
2	y	23.5	31.0	27.3	25.0	31.0	28.0
	x	23.5	34.0	28.8	23.0	34.0	28.5
	z	23.5	28.0	25.8	23.5	28.5	26.0
4	y	22.0	22.0	22.0	28.5	20.5	24.5
	x	25.0	25.0	25.0	25.0	25.0	25.0
	z	24.0	24.0	24.0	30.0	23.3	26.7
7	y	21.4	23.9	22.7	22.3	18.0	20.2
	x	20.3	20.3	20.3	20.3	19.7	20.0
	z	20.5	24.3	22.4	22.3	18.1	20.2
10	y	23.3	29.5	26.4	26.2	20.6	23.4

	x	23.7	30.0	26.9	26.3	21.8	24.1
	z	22.8	27.5	25.2	24.5	28.6	26.6

Elaborado por: (Mero y Valencia, 2018)

Tabla 9: Color del grupo#1 y 2 en coordenadas Hunter Cie L*a*b*

	Grupo#1			Grupo#2		
Días de almacenamiento (días)	**L***	**a***	**b***	**L***	**a***	**b***
1	4.837	7.597	5.365	5.128	11.019	5.839
2	5.220	6.956	7.294	5.292	3.539	7.908
4	4.690	13.059	2.495	4.950	3.536	2.726
7	4.759	-7.148	5.409	4.489	0.975	4.742
10	5.138	3.362	6.945	4.837	4.092	1.320

Elaborado por: (Mero y Valencia, 2018)

Figura 10: Luminosidad vs días de almacenamiento

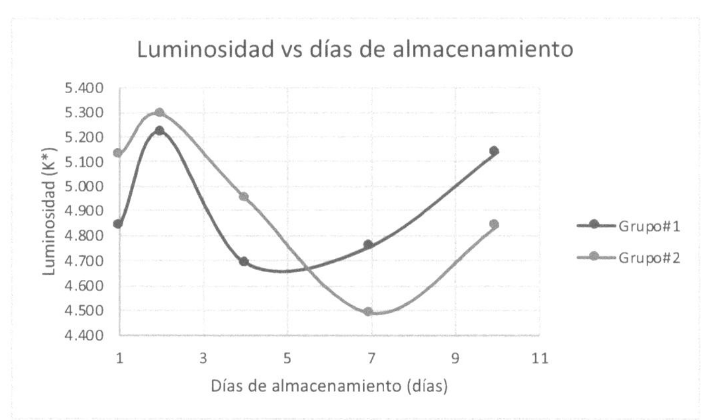

Elaborado por: (Mero y Valencia, 2018)

Tabla 10: Análisis estadístico de la luminosidad

L*	Media	Varianza	Shapiro-Wilk	Distribución	T-student	Hipótesis
Grupo#1	4.929	0.056	27.173%	Normal	94.006%	Nula
Grupo#2	4.939	0.093	98.542%	Normal		

Elaborado por: (Mero y Valencia, 2018)

En el análisis estadístico de la luminosidad de la **tabla 8**, presenta que ambas medias son muy similares entre sí y con una varianza próxima a 0.1, demostrando datos cercanos a la media. El resultado de la prueba Shapiro-Wilk dio por encima de 5.000%, por lo que ambos grupos de datos demuestran una distribución normal. El resultado del T-student arrojó el 94.006%, lo que demostró que no existe diferencia entre ambos grupos.

En los resultados de análisis de luminosidad para el recubrimiento comestible a partir de humo líquido y quitosina a unos filetes de tilapia Nilo (*Oreochromis niloticus*), la muestra de control varió de 49.94 a 51.70 mientras que, una de la muestra con recubrimiento que comenzó en 51.88 llego a 49.76 en un tiempo de almacenamiento de 30 días, parte de estos resultados es atribuido a la oxidación de proteínas en el pescado, que pueden cambiar la luz refractada y producir un impacto directo en el brillo [39] .

Para el recubrimiento comestible elaborado con almidón de yuca, agua, glicerina y aceite esencial de romero, el grupo #1 que era el más opaco al comienzo en comparación al grupo #2, aumentó el brillo al llegar al 10mo día de almacenamiento con un valor final de 5.138, en comparación al grupo #2 que empezó con un brillo mayor del 5.128 y descendió en su 10mo día de almacenamiento a 4.837 valor idéntico con el que empezó el grupo #1, por lo que el recubrimiento tiende a opacar los filetes de pescado pero sin producir ningún efecto directo como el recubrimiento elaborado de humo líquido y quitosano que llegó a mejorar el brillo de los filetes.

Figura 11: Plano hunter a* b*

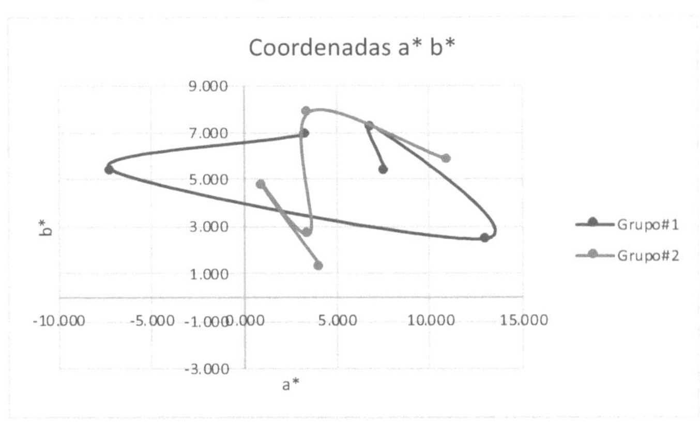

Elaborado por: (Mero y Valencia, 2018)

Tabla 11: Análisis estadístico de a* y b*

a*	Media	Varianza	Shapiro-Wilk	Distribución	T-student	Hipótesis
Grupo#1	4.765	56.375	56.987	Normal	96.675%	Nula
Grupo#2	4.632	12.214	10.682	Normal		
b*	**Media**	**Varianza**	**Shapiro-Wilk**	**Distribución**	**T-student**	**Hipótesis**
Grupo#1	5.502	3.591	34.422	Normal	44.632%	Nula
Grupo#2	4.507	6.682	95.946	Normal		

Elaborado por: (Mero y Valencia, 2018)

El análisis estadístico en el parámetro a* de la **tabla 9**, demostró medias casi idénticas, pero los datos del grupo#1 se encontraban más alejados de la media dando un valor alto de varianza, en contraste con el grupo #2. El resultado de la prueba Shapiro-Wilk, está por encima del 5.000%, por lo que se comprobó su distribución normal. El resultado de la prueba t-student, tiene una aproximación al 100% por lo que no existe diferencia entre ambos grupos.

El parámetro b* posee medias diferentes, pero su varianza es mucho menor a la presentada en el parámetro a*. De igual manera la prueba Shapiro-Wilk arrojó valores mayores al 5.000%, por lo cual ambos presentaron una distribución normal. El análisis t-student reveló un valor mayor al 5.000%, esto demostró que no existe diferencia entre ambos grupos.

En el recubrimiento elaborado a partir de quitosano y carvacrol aplicado a filetes de tilapia (*Oreochromis niloticus)*, sus parámetros de a* empezaron desde 1.26 para ambas muestras, pero luego las muestras con recubrimiento alcanzó valores de 1.46 y -0.65 para diferentes concentraciones de quitosina , mientras que la muestra de control obtuvo 1.34, un comportamiento similar se observó en el parámetro b* donde las muestras empezaron con un valor de 9.47 pero luego las muestras del recubrimiento alcanzaron valores de 11.88 y 9.87 a diferencia de la muestra control que obtuvo 11.70. Todos estos parámetros fueron tomados en el día 21 de almacenamiento y se encontraron en la zona amarillo rojo a diferencia de otro grupo con recubrimiento que estaba levemente en la zona amarilla verde, atribuyendo estos resultados a la oxidación de los compuestos encontrados en los filetes [40].

De los grupos que fueron estudiados, el grupo #1 empezó en la zona amarillo – rojo, luego se desplazó más a un color rojizo y para el 7mo día se encontró en la zona amarillo-verde y finalmente a la zona amarillo – roja nuevamente, mientras que el grupo #2 siempre permaneció en la zona amarillo-roja, el que comenzó desde un color más rojo y luego sufrió un aumento en la tonalidad amarilla. Aunque el grupo #2 demostró estar siempre dentro de la zona amarillo-rojo, el análisis estadístico demostró que no existe diferencia con ambos grupos, en contraste con el del recubrimiento a partir de quitosano y carvacrol que logró reducir los parámetros de a* y b* conforme aumentaba su tiempo de almacenamiento.

4.2. RESULTADO DE PRUEBAS QUÍMICAS

4.2.1. Base volátiles totales

Tabla 12: Base Volátiles totales

	Grupo#1	Grupo#2
Días de almacenamiento (días)	**TVB (mg N/100g)**	**TVB (mg N/100g)**
1	5.05	5.05
2	6.74	7.58
4	9.27	8.71
7	4.77	5.89
10	17.97	8.43

Elaborado por: (Mero y Valencia, 2018)

Figura 12: Bases volátiles totales vs días de almacenamiento

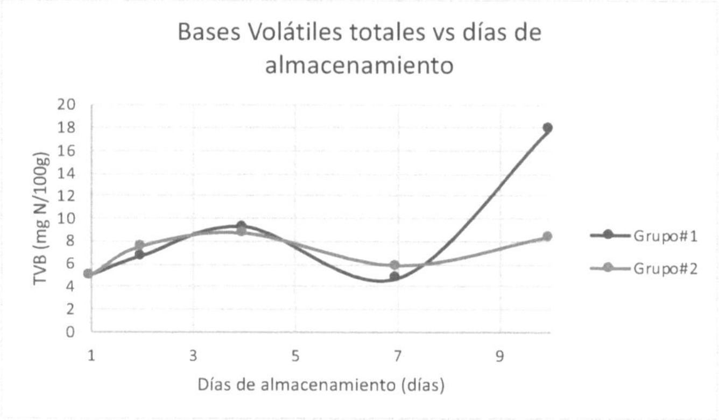

Bases Volátiles totales vs días de almacenamiento

TVB (mg N/100g)

20
18
16
14
12
10
8
6
4
2
0

1
3
5
7
9

Días de almacenamiento (días)

Grupo#1
Grupo#2

Elaborado por: (Mero y Valencia, 2018)

Tabla 13: Análisis estadístico del TVB

TVB	Media	Varianza	Shapiro-Wilk	Distribución	T-student	Hipótesis
Grupo#1	8.760	29.712	9.184%	Normal	46.141%	Nula
Grupo#2	7.132	2.563	43.646	Normal		

Elaborado por: (Mero y Valencia, 2018)

En el caso del TVB en la **tabla 11**, las medias están próximas, debido a que el grupo #1 tiene un incremento en el valor de TVB en el último día de almacenamiento, mientras que para el grupo#2 se mantiene. Este último valor provoca una varianza mayor para el grupo #1 y el resultado de la prueba de Shapiro-Wilk presenta valor mayor a 5.000%, con lo que se verificó la hipótesis nula. La prueba t-test, es mayor así mismo al 5.000%, de tal manera que no existe diferencia alguna entre ambas medias.

En el recubrimiento comestible a partir de almidón de yuca y aceites esenciales de *Kaempferia rotunda* y *Curcuma xanthorrhiza* para filetes de patín refrigerado, la muestra que contenía el recubrimiento con 1% de aceite esencial de *Curcuma xanthorrhiza* empezó con un TVB de 16.72 mg/100g mientras que la muestra de control empezó con 19.18mg/100g , luego de 8 días de almacenamiento llegaron a valores de 32.99 mg/100g para la muestra con recubrimiento y 47.44 mg/100g para la muestra de control [38].

Los valores presentados tanto en el grupo #1 y #2 se mantienen similares desde el día 1 hasta el día 7, pero luego el valor de TVB del grupo #1 se incrementa en mayor proporción que el grupo #2 que se elevó a 8.43. Pese a existir diferencia marcada en el último día, el análisis estadístico demostró que no existe diferencia entre ambos grupos, es decir no actuó el aceite esencial de romero como lo hizo el aceite esencial de *Curcuma xanthorrhiza* en su recubrimiento.

4.2.2. NITRÓGENO BÁSICO VOLÁTIL TOTAL

Tabla 14: Nitrógeno Básico Volátil

NVBT	Grupo#1	Grupo#2
Días de almacenamiento (días)	**NVBT (mg N/100g)**	**NVBT (mg N/100g)**
1	15.00	14.37
2	19.41	21.49
4	20.96	19.77
7	13.77	13.95
10	33.82	21.48

Elaborado por: (Mero y Valencia, 2018)

Figura 13: Nitrógeno básico volátil vs días de almacenamiento

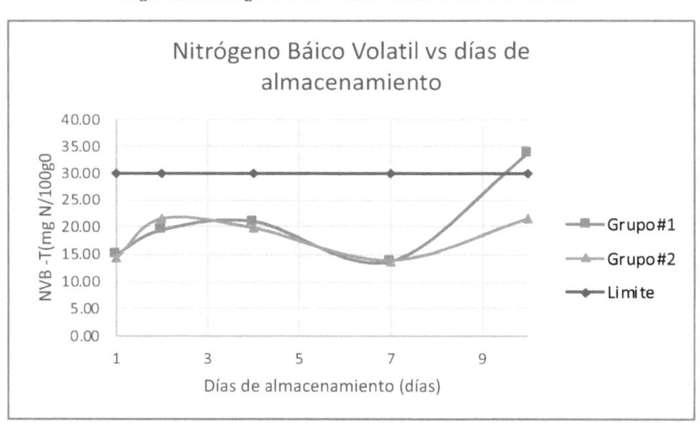

Elaborado por: (Mero y Valencia, 2018)

Tabla 15: Análisis estadístico del NVB-T

NBVT	Media	Varianza	Shapiro-Wilk	Distribución	T-student	Hipótesis
Grupo#1	20.592	63.581	21.817%	Normal	40.361%	Nula
Grupo#2	18.212	14.195	7.675%	Normal		

Elaborado por: (Mero y Valencia, 2018)

El análisis estadístico de la **tabla** 13 demuestra, que la media del grupo 1 es mayor por 2 puntos que la del segundo grupo. El grupo #1 presenta una mayor varianza ya que al llegar al 10mo día de almacenamiento alcanza un valor máximo de 33.83. Ambos dieron un resultado en la prueba de Sharipo-Wilk superior al 5.00%, demostrando poseer una distribución normal de acuerdo a la hipótesis nula. El resultado de la prueba t-test demostró un valor superior al 5.00%, por esta razón se asumió que no hay diferencia alguna entre los grupos sin recubrimiento y con recubrimiento.

En un recubrimiento elaborado a partir de carboximetil celulosa enriquecido con aceite esencial *Zataria multiflora* y extracto de la semilla de uva para filetes de trucha arcoíris, la muestra de control dio una concentración inicial de 12.67 mg/100g de NBVT, mientras que las muestra sin recubrimiento tuvieron un valor de 11.3430mg/100g de NBVT. Luego de un plazo de 20 días de almacenamiento lograron valores de 52.00 mg/100g y 40.30 mg/100g respectivamente [41] .

A pesar de que el análisis estadístico reporta que no hay diferencia entre ambos grupos, a pesar de que la grupo #2 se haya mantenido por debajo del límite de 30mg/100g exigidos por la normativa de pescados frescos y congelados expedidos en el **anexo 3**, a diferencia de la grupo #1 que lo sobrepasó en el 10mo día de almacenamiento. Se pudo comprobar que el aceite esencial de romero no presentó el efecto inhibitorio esperado para reducción de bacterias que generan este tipo de compuestos nitrogenados, como lo reportado en el recubrimiento con aceite esencial *Zataria multiflora* y extracto de la semilla de uva que redujo significativamente su población.

4.3. RESULTADO DE PRUEBAS MICROBIOLÓGICAS

4.3.1. Aerobios totales

Tabla 16: Aerobios totales

Aerobios totales	Grupo#1	Grupo#2
Días de almacenamiento (días)	**TPC (UFC)**	**TPC (UFC)**
1	81×10^3	87×10^3
2	26×10^3	77×10^3
4	56×10^3	46×10^3
7	21×10^4	40×10^3
10	32×10^5	39×10^5

Elaborado por: (Mero y Valencia, 2018)

Tabla 17: log Aerobios totales

	Grupo#1	Grupo#2
Días de almacenamiento (días)	**TPC (log(UFC))**	**TPC (log(UFC))**
1	4.91	4.94
2	4.41	4.89
4	4.75	4.66
7	5.32	4.66
10	6.51	6.59

Elaborado por: (Mero y Valencia, 2018)

Figura 14: Aerobios totales vs días de almacenamiento

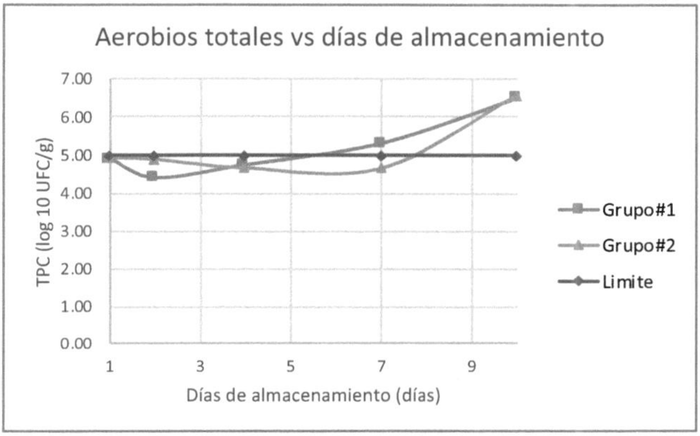

Elaborado por: (Mero y Valencia, 2018)

Tabla 18: Análisis estadístico aerobios totales

TPC	Media	Varianza	Shapiro-Wilk	Distribución	Wilcoxin	Hipótesis
Grupo#1	5.180	0.655	36.126%	Normal	31.731%	Nula
Grupo#2	5.149	0.666	0.648%	No normal		

Elaborado por: (Mero y Valencia, 2018)

Como se puede apreciar en la **tabla 16**, la media de ambos grupos presenta una diferencia mínima, teniendo una varianza casi idéntica, pero al momento de realizar la prueba de Shapiro-Wilk, la del grupo#1 no tuvo una distribución normal por lo que se recurrió a la prueba paramétrica de Wilcoxin, con la que se obtuvo un resultado del 31.731%, cumpliendo con la hipótesis nula, es decir que no existe diferencia alguna entre ambos grupos.

Para el recubrimiento a partir de alginato y antioxidantes aplicado a filetes de brema(*Megalobrama amblycephala*), la cantidad de aerobios total para todas las muestras empezó en 3 log_{10}UFC/g pero después de un periodo de 18 días de almacenamiento la muestra con recubrimiento logró un valor de 5.54 log_{10}UFC/g , mientras que la prueba de control en el día 17, ya había sobrepasado los 8 log_{10}UFC/g. [42].

De los resultados obtenidos en el presente trabajo, aunque el grupo #1 siempre estuvo por encima del límite permitido de 4.69 log_{10}UFC/g del **anexo 3**, excepto en el segundo día, el grupo #2 muestra un comportamiento descendente, pero de igual manera sobrepasa el limite. De allí que el recubrimiento comestible a partir de aceite esencial de romero no actuó como una barrera en contra de la transferencia de oxígeno que es la que inhibe el crecimiento de bacterias y reduce su población a diferencia de lo logrado en el recubrimiento a partir de alguinato y antioxidante que sí logró reducir significativamente esta población.

4.3.2. Coliformes totales

Tabla 19: Coliformes totales

Coliformes totales	Grupo#1	Grupo#2
Días de almacenamiento (días)	**TPC (UFC)**	**TPC (UFC)**
1	Menor a 10	Menor a 10
2	Menor a 10	Menor a 10
4	Menor a 10	Menor a 10
7	2×10^{1}	8×10^{1}
10	Menor a10	Menor a 10

Elaborado por: (Mero y Valencia, 2018)

No se pudo realizar un análisis estadístico sobre este grupo por que en los resultados reportado por el Instituto Nacional de Pesca, todos los datos del grupo #1 y #2, exceptuando el día 7 para ambos se encuentra por debajo de 1, pero no se especifica el valor, a diferencia del trabajo de un recubrimiento comestible que fue elaborado a partir de quitosina y aceite esencial de orégano para filetes de pargo rojo (*Pagrus Pagrus)* , todas las muestras empezaron desde un valor de 1 pero llegando al día 13 la muestra de control alcanzó un valor de 4.4 log_{10}CFU/g en tanto que las muestra con recubrimiento llegaron a valores menores por 0.4, 1.4 y 1.81. log_{10}UFC/g de diferencia. [43].

Estos resultados obtenidos para el presente estudio se mantuvieron por debajo del limite permisible establecido en el **anexo 3**, excepto para el día 7 en que ambos grupos obtuvieron resultados mayores a 1 log_{10}UFC/g, pero posterior ambos grupos consiguieron alcanzar valor menor de 1 log_{10}UFC/g en el 10mo día de almacenamiento, por lo que no cumple el límite establecido. De acuerdo al análisis estadístico obtenido, no se encontró diferencia alguna entre grupos, por lo que el recubrimiento o el aceite esencial no tuvo efecto alguno sobre los filetes lo que fue diferente para el recubrimiento a partir de quitosina y aceite esencial del orégano, que redujo su población significativamente.

4.3.3. Vibrios spp

Tabla 20: *Vibrios spp*

	Grupo#1	**Grupo#2**
Días de almacenamiento (días)	**V.ssp (log(UFC))**	**V.ssp (log(UFC))**
1	No detectado	No detectado
2	No detectado	No detectado
4	No detectado	No detectado
7	No detectado	No detectado
10	No detectado	No detectado

Elaborado por: (Mero y Valencia, 2018)

No se detecto ninguna subespecie de la familia *vibrio spp* en los dos grupos en todos los 10 días de almacenamiento, por lo que no se pudo realizar comparación entre los dos grupos y estos cumplieron con los valores de la norma NTE INEN 1896:2013 del **anexo 3**.

En otro estudio donde se elaboró un recubrimiento a partir de quitina y quitosano aplicado a filetes de salmón rojo (*Oncorhynchus nereka*), no existía presencia de *vibrio spp* en los dos grupos en los primeros días de almacenamiento, pero al día 13 la muestra de control presentó una cantidad de 4 log_{10}CFU/g mayor al de la muestra que era 3log_{10}CFU/g [44] . No se pudo confirmar en el presente estudio si el recubrimiento era efectivo contra dicha especie por que no se detectó alteración en los grupos.

CAPÍTULO 5

5. CONCLUSIONES Y RECOMENDACIONES

CONCLUSIONES

- Después de la elaboración del recubrimiento comestible junto con el aceite esencial de romero, presento las siguientes características: densidad de 1.15 g/ml, ph de 6.48 y viscosidad de 20 cP.

- En cuanto al recubrimiento hecho en esta investigación con los filetes de tilapias rojas (grupo#2) no mostró cambios apreciables en el color, o químicos en el TVB y TVN, o de inhibición en los Aerobio Totales y Coliformes Totales respecto a los filetes de tilapia sin recubrimiento (grupo#1), el único cambio encontrando entre ambos grupos fue el del pH, pero en cuanto TVN, Aerobios totales y Coliformes Totales no logro cumplir con los parámetros establecidos por la norma NTE INEN 1896:2013.

- Del estudio de 7 publicaciones internacionales se obtuvo la siguiente información: de todos los compuestos utilizados para el recubrimiento comestible (RC) su pH resulto ser más alto que el pH de la mezcla utilizada en el presente estudio lo que mejoró en la textura del producto final (Tilapia roja con RC), en las pruebas realizadas.

RECOMENDACIONES

- Se sugiere para futuros estudios que se realicen sobre este tema, se amplíe la cantidad de materia prima utilizada y aumentar el muestreo para obtener un mejor mecanismo del recubrimiento comestible.

- Se sugiere realizar dos pruebas paralelas: una con quitosano y otra con aceite esencial de romero, para evaluar el rendimiento del recubrimiento comestible aplicado en filetes de tilapia rojas.

- Se requiere agitar la mezcla almidón de yuca, agua, glicerina y aceite esencial de romero para evitar problema de miscibilidad en el recubrimiento comestible.

- Se debe considerar la caracterización del aceite esencial debido a los problemas que se presentan al momento de realizar la mezcla del recubrimiento a causa de la compatibilidad.

Bibliografía

[1] R. Avila-Sosa, A. R. Navarro-Cruz, O. V.-. Lopez, R. M. Davila-Marquez, N. Melgoza-Palma y R. Meza-Pluma, «Romero (Rosmarinus officinalis L.): una revision de sus no culinarios,» *ciencia y mar,* vol. 43, nº 15, pp. 23-36, 2011.

[2] M. V. -. Briones y J. A. G. -. Beltran, «google academico,» *Temas Selectos de ingenieria de Alimentos,* vol. 7, nº 2, pp. 5 - 14, 2013.

[3] R. A. d. Rosario, «google academico,» 2001. [En línea]. Available: repositorio.ug.edu.ec/bitstream/redug/744/3/TILAPIA.pdf. [Último acceso: 4 Agosto 2018].

[4] J. C. E. G. N. M. &. C. A. D Sanchez Aldana, 12 Marzo 2014. [En línea]. Available: https://www.tandfonline.com/doi/abs/10.1080/19476337.2014.904929.

[5] P. F. Bernardez, «google,» 2013. [En línea]. Available: http://www.eoi.es/fdi/sites/default/files/ANFACO_Biopol%C3%ADmeros%20en%20la%20industria%20alimentaria.pdf.

[6] K. E. N. A. Y. P. A. S. Rohula Utami, 15 Octubre 2015. [En línea]. Available: https://pdfs.semanticscholar.org/b5c8/161c647a61d0835a5ad60935884a7d73a005.pdf.

[7] I. F. V. Ph.D., «google,» 2009 Diciembre 2. [En línea]. Available: http://www.prompex.gob.pe/Miercoles/Portal/MME/descargar.aspx?archivo=7E87F3C4-DEEE-4575-9113-A0CBE13903AC.PDF. [Último acceso: 23 Abril 2018].

[8] D. A. C. &. C. S. S. Jose Jaimes Morles, «Universidad Santiago de Cali,» 2015. [En línea]. Available: http://revistas.usc.edu.co/index.php/Ingenium/article/view/519/438#.WuIHRy5ubIU. [Último acceso: 27 Abril 2018].

[9] R. S. &. E. Nereyda, «USO DE AGENTES ANTIMICROBIANOS NATURALES EN LA CONSERVACIÓN DE FRUTAS Y HORTALIZAS,» *Ra Ximhai ,* vol. `7, nº 1 , pp. 153 - 170 , 2011 .

[10] M. e. C. E. B. Molina, «google,» 28 Octubre 2003. [En línea]. Available: http://www.innovacion.gob.sv/inventa/attachments/article/2597/UAMI10845.pdf. [Último acceso: 1 Agosto 2018].

[11] R. M. Jijon, «google academico,» Marzo 2010. [En línea]. Available: http://repositorio.uaaan.mx:8080/xmlui/bitstream/handle/123456789/430/61235s.pdf?sequence=1. [Último acceso: 1 Agosto 2018].

[12] I. M. A. A. Mendez, «google academico,» Junio 2005. [En línea]. Available: https://www.repositoriodigital.ipn.mx/bitstream/123456789/10573/1/PTA_M_20050624_001.pdf. [Último acceso: 1 Agosto 2018].

[13] A. V. Moreira y A. G. Beltran, «Algunas invetigaciones recientes en recubrimientos comestibles aplicados en alimentos,» *Temas selectos de ingenieria de alimentos,* vol. 2, nº 8, pp. 5-12, 204.

[14] M. V. T. &. L. C.-Z. Edgar Uquiche Carrasco, «Efecto de recubrimientos comestibles sobre la calidad de pimentones verdes (Capsicum annuum L.) durante el almacenamiento,» *Scielo,* vol. 52, nº 1, 2001.

[15] L. R. B. &. J. E. Berrocal, 2011. [En línea]. Available: http://190.242.62.234:8080/jspui/bitstream/11227/365/1/TESIS%20DE%20GRADO.pdf. [Último acceso: 22 Mayo 2018].

[16] F. V. &. M. H. A. Quintero C. Juan, «peliculas y recubrimientos comestibes: importacia y tendencias recientes en la cadena hortofruticula,» *Revista Tumbaga,* vol. 5, pp. 93 - 118, 2010.

[17] Q. C. Juan, F. Victor y M. H. Aldemar, «Films and edible coatings: importance, and recent trends in fruit and vegetable value chain,» *Revista Tumbaga,* nº 5, pp. 93-118, 2010.

[18] T. M. Parzanese, «google,» [En línea]. Available: http://www.alimentosargentinos.gob.ar/contenido/sectores/tecnologia/Ficha_07_PeliculaComestible.pdf. [Último acceso: 13 Julio 2018].

[19] M. J. M. SANCHEZ, «google academico,» 22 Diciembre 2016. [En línea]. Available: http://repositorio.unap.edu.pe/bitstream/handle/UNAP/3445/Mittani_Sanches_Miriam_Jessenia%20.pdf?sequence=1&isAllowed=y. [Último acceso: 19 Julio 2018].

[20] L. V. Castillo, «google academico,» 2011. [En línea]. Available: http://repositorio.utn.edu.ec/bitstream/123456789/211/10/03%20AGP%2085%20REVICION%20LITERARIA.pdf. [Último acceso: 19 Julio 2018].

[21] B. M. M. P. Muñoz. y B. M. I. S. Ramos, «google academico,» Mayo 2015. [En línea]. Available: http://riul.unanleon.edu.ni:8080/jspui/bitstream/123456789/3501/1/228251.pdf. [Último acceso: 20 Julio 2018].

[22] D. V. L. Vivancos, «google academico,» 29 Julio 2014. [En línea]. Available: https://www.tdx.cat/bitstream/handle/10803/284820/TVLV.pdf. [Último acceso: 24 Julio 2018].

[23] G. V. ILLERA, «google academico,» Diciembre 2012. [En línea]. Available: http://digital.csic.es/bitstream/10261/101589/1/extractos%20supecr%C3%ADticos%20de%20romero.pdf. [Último acceso: 24 Julio 2018].

[24] M. C. d. Mármol, «google academico,» 2015. [En línea]. Available: https://eprints.ucm.es/36388/1/T36956.pdf. [Último acceso: 24 Julio 2018].

[25] P. U. V. M. R. O. Janeth Proaño Bastidas, «Efecto antimicrobiano de la vitamina c, vitamina e y aceite esencial de romero (rosmarinus oficinalis) en salchichas de pollo tipo frankfurt,» *revista industrial Data,* vol. 2, nº 20, pp. 27-36, 2017.

[26] E. V. B. M. A. S. P. Tapia, «google academico,» Mayo 2016. [En línea]. Available: http://www.ridaa.unicen.edu.ar/xmlui/bitstream/handle/123456789/625/Tesis%20Tapia%2C%20Erica.pdf?sequence=1&isAllowed=y. [Último acceso: 7 Agosto 2018].

[27] N. R. P. R. Heidy Milena Moreno Cristancho, «google academico,» 2010. [En línea]. Available: http://repository.lasalle.edu.co/bitstream/handle/10185/16052/T43.10%20M815e.pdf?sequence=2. [Último acceso: 27 Julio 2018].

[28] A. L. -. M. R. Avila - Sosa, «Alpicacion de sustancias antimicrobianas a peliculas y recubrimientos comestibles,» *temas selectos de ingenieria de alimentos* , vol. 2, nº 2, pp. 4 - 13, 2008.

[29] M. A. R. Grau, «google academico,» Diciembre 2006. [En línea]. Available: https://www.tdx.cat/bitstream/handle/10803/8377/Trgmj1de4.pdf?sequence=1&isAllowed=y. [Último acceso: 28 Julio 2018].

[30] S. R.-C. E. M.-R. V. M. O.-H. C. C. V.-L. J. d. J. O.-P. C. L. D.-T.-S. Saraí CHAPARRO-HERNÁNDEZ, «Efecto de los recubrimientos comestibles de quitosano-carvacrol en la calidad y vida útil de los filetes de tilapia (Oreochromis niloticus) almacenados en hielo,» *Scielo,* vol. 4, nº 35, pp. 734 - 741 , 2015.

[31] L. Reyes, «Google academico,» [En línea]. Available: http://moodle2.unid.edu.mx/dts_cursos_mdl/lic/AE/E/AM/12/Distribucion_tStudent.pdf. [Último acceso: 2 Agosto 2018].

[32] V. L. Juarez, «google academico,» 2011. [En línea]. Available: http://www.rincondepaco.com.mx/rincon/Inicio/Apuntes/Proyecto/archivos/Documentos/Wilcoxon.pdf. [Último acceso: 2 Agosto 2018].

[33] Instituto Ecuatoriano de Normalización (INEN), 2012. [En línea]. Available: https://archive.org/details/ec.nte.2074.2012. [Último acceso: 7 Agosto 2018].

[34] Instituto Ecuatoriano de Normalizacion (INEN), «waybackmachine,» 1975. [En línea]. Available: https://archive.org/details/ec.nte.0183.1975. [Último acceso: 2 Agosto 2018].

[35] Instituto Ecuatoriano de Normalización (INEN), 5 Enero 2013. [En línea]. Available: https://archive.org/details/ec.nte.1896.1996. [Último acceso: 7 Agosto 2018].

[36] A. Tabatabaei, «Antimicrobial Activity of Lemon and Peppermint Essential oil in Edible Coating Containing Chitosan and Pectin on Rainbow Trout (Oncorhynchus mykiss) Fillets,» *J Med Microbiol Infec Dis,* vol. 3, pp. 38-43, 2015.

[37] G. P. Pazmiño y R. R. Sanchez, «Aplicación de las operaciones unitarias de lixiviación y destilación en la obtención del sustrato, con la finalidad de cuantificar el poder antioxidante de la albahaca (Ocinum basilicum L.),» Universidad de Guayaquil, Guayquil, 2016.

[38] K. U. Rohula, «The effect of cassava starch-based edible coating enriched with Kaempferia rotunda and Curcuma xanthorriza essential oil on refrigereated patin fillets quality,» *International Food Research Journal,* vol. 1, nº 21, pp. 413-419, 2014.

[39] F. M. da Silva Santos, «Use of chitosan coating in increasing the shelf life of liquid smoked Nile tilapia (Oreochromis niloticus) fillet,» *Association of Food Scientists & Technologists,* vol. 54, nº 5, pp. 1304-311, 2017.

[40] S. Chaparo, «Effect of chitosan-carvacrol edible coatings on the quality and shelf life of tiltapia(Oreochromis niloticus) fillets stored in ice,» *Food Science and Technology,* vol. 4, nº 35, pp. 734-741, 2015.

[41] M. Raeisi, «Effect of carboxymethyl cellulose edible coating containing Zataria multiflora essential oil and grape seed extract on chemical attributes of rainbow trout meat,» *Veterinary Research Forum,* vol. 5, nº 2, pp. 89-93, 2014.

[42] Y. Song, «Effect of sodium alginate-based edible coating containing different anti-oxidants on quality and shelf life of refrigerated bream (Megalobrama amblycephala),» *Food control,* vol. 1, nº 22, pp. 608-615, 2011.

[43] K. Vatavali, «Combined Effect of Chitosan and Oregano Essential Oil Dip on the Microbiological, Chemical, and Sensory Attributes of Red Porgy (Pagrus pagrus) Stored in Ice,» *Food and Bioprocess Technology,* vol. 6, nº 12, p. 3510–352, 2012.

[44] J. T. Guo, «Antimicrobial activity of shrimp chitin and chitosan from different treatments and applications of fish preservation,» *Fisheries Science,* vol. 68, nº 1, pp. 170-177, 2002.

[45] M. P. Ramírez, « Extracción por arrastre de vapor y análisis de propiedades antioxidantes del aceite esencial de romero,» Coleción de tesis digitales Universidad de las Américas Puebla, Cholula, 2008.

[46] L. Patiño, A. Saavedra y J. Martínez, «Extracción por arrastre de vapor de aceite esencial del romero,» *Ciencias Tecnologicas y Agrarias ,* vol. 692, pp. 1-14, 2014.

[47] K. Rohula Utami, «The effect of cassava starch-based edible coating enriched with Kaempferia rotunda and Curcuma xanthorrhiza essential oil on refrigerated patin fillets quality,» *International Food Research Journal,* vol. 1, nº 21, pp. 413-419, 2014.

[48] Instituto Ecuatoriano de Normalizacion (INEN), 1975. [En línea]. Available: https://archive.org/details/ec.nte.0183.1975. [Último acceso: 30 Julio 2018].

[49] H. Parviz, «Effects of chitosan edible coating containing grape seed extract on the shelf-life of refrigerated rainbow trout fillet,» *Veterinary Research Forum,* vol. 1, nº 9, pp. 73-39, 2918.

[50] H. Henrik, Fresh Fish - quality and quality changes, Copenhagen: FAO Fisheries Series, 1988.

[51] C. Y. Ou, «USING GELATIN-BASED ANTIMICROBIAL EDIBLE COATING TO PROLONG SHELF-LIFE OF TILAPIA FILLETS,» *Deparment of Food Science,* vol. 1, nº 25, pp. 213-222, 2002.

[52] F. M. Da Silva, «Use of chitosan coating in increasing the shelf life of liquid smoked Nile tilapia (Oreochromis niloticus) fillet,» *Association of Food Scientists & Technologists,* vol. 5, nº 54, pp. 1304-1311, 2017.

[53] M. Raeisi, «Effect of carboxymethyl cellulose edible coating containing Zataria multiflora essential oil and grape seed extract on chemical attributes of rainbow trout meat,» *Veterinary Rsearch Forum,* vol. 2, nº 5, pp. 89-93, 2014.

ANEXOS

ANEXO 1: Fotografías

Piscina de cultivo de tilapias rojas

Recolección de Tilapias rojas

Fuente: La Fortaleza, Santa Elena

Elaborado por: Mero & Valencia, 2018

Elaboración del recubrimiento

Fuente: Laboratorio de Microbiología, Universidad de Guayaquil

Elaborado por: Mero & Valencia, 2018

Obtención de los filetes de pescado

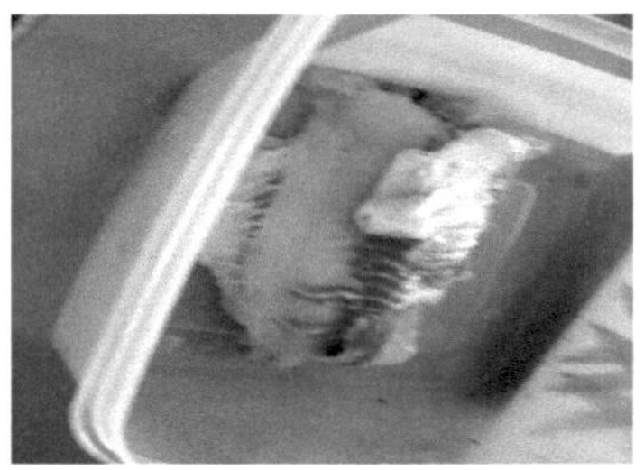

Fuente: Mercado de Sauces IX, Guayaquil

Elaborado por: Mero & Valencia, 2018

Extracción del aceite esencial de romero

Fuente: Laboratorio de Microbiología, Universidad de Guayaquil

Elaborado por: Mero & Valencia, 2018

Toma de pH

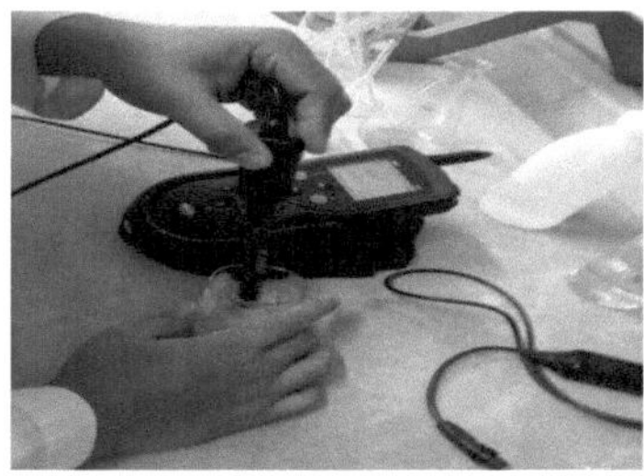

Fuente: Laboratorio de Microbiología, Universidad de Guayaquil

Elaborado por: Mero & Valencia, 2018

Colorimetría

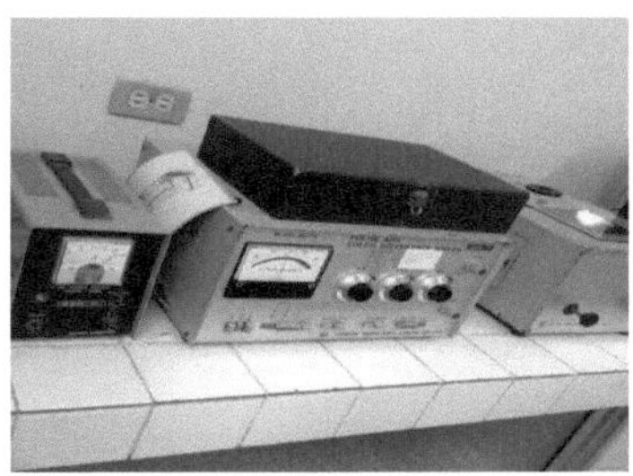

Fuente: Laboratorio de Microbiología, Universidad de Guayaquil

Elaborado por: Mero & Valencia, 2018

ANEXO 2: Resultados de laboratorio

Resultado de análisis químico de filetes de tilapia roja sin recubrimiento

GOBIERNO DE LA REPÚBLICA DEL ECUADOR — MINISTERIO DE ACUACULTURA Y PESCA

LABORATORIO DE ANÁLISIS QUÍMICO Y MICROBIOLÓGICO DE ALIMENTOS
SUBSECRETARÍA DE CALIDAD E INOCUIDAD

ORIGINAL

Pag 1/1

CÓDIGO ÚNICO No.	8426-972-M81			Reporte No.	24137
EMPRESA	NOMBRE	MARIO ANDRES MERO PLAZA			
	DIRECCIÓN	GUAYAQUIL, CDLA. GUAYACANES MZ 54 VILLA 21, GUAYAQUIL, CDLA. GUAYACANES MZ 54 VILLA 21			
TIPO DE PRODUCTO		FILETE DE TILAPIA ROJA REFRIGERADO *Oreochomis niloticus*.			
FACTURA	N/A	CODIGO/LOTE	MUESTRA 1	FECHA DE RECEPCION	26/06/2018
PESO DECLARADO	N/A	MARCA	N/A	FECHA FINALIZACION DE ANALISIS	02/07/2018
ORDEN DE TRABAJO	42044	CLASIFICACION	N/A	FECHA DE ENTREGA DE RESULTADOS	11/07/2018
CONDICIONES AMBIENTALES	Temperatura(°C) 19-26	HUMEDAD RELATIVA		Humedad Relativa: (%) 49-70	

RESULTADO DE ANÁLISIS

PARAMETRO	METODO REFERENCIA	RESULTADO	UNIDAD
*Bases Volatiles Totales	MLA_23	5,05	mg%
Nitrogeno Basico Volatil	MLA_06 INEN 182 1975-04	15,00	mg%

Muestreo realizado por — LA EMPRESA

Observaciones — Incertidumbre expandida con K=2

NOTA: *Este reporte solamente puede ser reproducido de forma integral y con la autorización por escrito del SCI. Está totalmente prohibida su reproducción de forma parcial. Los resultados emitidos en éste reporte se refieren exclusivamente al material ensayado y no son relacionados directamente a productos no ensayados. Los registros de los análisis son archivados en el laboratorio por 5 años. Se analizó bajo las condiciones de temperatura de recepción de la muestra. Los ensayos marcado con (*) NO estan incluidos en el alcance de la acreditación del SAE.*

CONTROL INTERNO MULTIDISCIPLINARIO

DRA. SULLY STAC... — RESPONSABLE AUTORIZADO

ING. FERNANDA HURTADO — DIRECTOR(A) TÉCNICO(A)

Letamendi 102 y la Ria * Telefax: (593-4) 2401 773 - 2401 776 - 2401 779 * Fax(593-4) 2402 304
P.O. Box: 09-01-15131 * E-mail: sci@acuaculturaypesca.gob.ec * Guayaquil - Ecuador

LABORATORIO DE ANÁLISIS QUÍMICO Y MICROBIOLÓGICO DE ALIMENTOS
SUBSECRETARÍA DE CALIDAD E INOCUIDAD

Ministerio de Acuacultura y Pesca — SUBSECRETARÍA DE CALIDAD E INOCUIDAD

ORIGINAL

Pag 1/1

CÓDIGO ÚNICO No.	8426-1064-M94			**Reporte No.**	24139
EMPRESA	**NOMBRE**	MARIO ANDRES MERO PLAZA			
	DIRECCIÓN	GUAYAQUIL, CDLA. GUAYACANES MZ 54 VILLA 21, GUAYAQUIL, CDLA. GUAYACANES MZ 54 VILLA 21			
TIPO DE PRODUCTO		**FILETE DE TILAPIA ROJA REFRIGERADO *Oreochomis niloticus*.**			
FACTURA	N/A	**CODIGO/LOTE**	MUESTRA 1	**FECHA DE RECEPCION**	27/06/2018
PESO DECLARADO	N/A	**MARCA**	N/A	**FECHA FINALIZACION DE ANALISIS**	04/07/2018
ORDEN DE TRABAJO	42044	**CLASIFICACION**	N/A	**FECHA DE ENTREGA DE RESULTADOS**	11/07/2018
CONDICIONES AMBIENTALES	Temperatura(°C) 19-26		**HUMEDAD RELATIVA**	Humedad Relativa: (%) 49-70	

RESULTADO DE ANÁLISIS

PARAMETRO	METODO REFERENCIA	RESULTADO	UNIDAD
*Bases Volatiles Totales	MLA_23	6,74	mg%
Nitrogeno Basico Volatil	MLA_06 INEN 182 1975-04	19,41+/-2.50	mg%

Muestreo realizado por LA EMPRESA

Observaciones Incertidumbre expandida con K=2.

NOTA: *Este reporte solamente puede ser reproducido de forma integral y con la autorización por escrito del SCI. Está totalmente prohibida su reproducción de forma parcial. Los resultados emitidos en éste reporte se refieren exclusivamente al material ensayado y no son relacionados directamente a productos no ensayados. Los registros de los análisis son archivados en el laboratorio por 5 años. Se analizó bajo las condiciones de temperatura de recepción de la muestra. Los ensayos marcados con (*) NO estan incluidos en el alcance de la acreditación del SAE.*

Ministerio de Acuacultura y Pesca — CONTROL INTERNO MULTIDISCIPLINARIO

DRA. SULLY STACIO
RESPONSABLE AUTORIZADO

ING. FERNANDA HURTADO
DIRECTOR(A) TÉCNICO(A)

Letamendi 102 y la Ría * Telefax: (593-4) 2401 773 - 2401 776 - 2401 779 * Fax(593-4) 2402 304
P.O. Box: 09-01-15131 * E-mail: sci@acuaculturaypesca.gob.ec * Guayaquil - Ecuador

LABORATORIO DE ANÁLISIS QUÍMICO Y MICROBIOLÓGICO DE ALIMENTOS SUBSECRETARÍA DE CALIDAD E INOCUIDAD

Ministerio de Acuacultura y Pesca — SUBSECRETARIA DE CALIDAD E INOCUIDAD

ORIGINAL

Pag 1/1

CÓDIGO ÚNICO No.	8426-1187-M108			**Reporte No.**	24141
EMPRESA	**NOMBRE**	MARIO ANDRES MERO PLAZA			
	DIRECCIÓN	GUAYAQUIL, CDLA. GUAYACANES MZ 54 VILLA 21, GUAYAQUIL, CDLA. GUAYACANES MZ 54 VILLA 21			
TIPO DE PRODUCTO		**FILETE DE TILAPIA ROJA REFRIGERADO Oreochomis niloticus.**			
FACTURA	N/A	**CODIGO/LOTE**	MUESTRA1	**FECHA DE RECEPCION**	29/06/2018
PESO DECLARADO	N/A	**MARCA**	N/A	**FECHA FINALIZACION DE ANALISIS**	05/07/2018
ORDEN DE TRABAJO	42044	**CLASIFICACION**	N/A	**FECHA DE ENTREGA DE RESULTADOS**	11/07/2018
CONDICIONES AMBIENTALES	Temperatura(°C) 19-26		**HUMEDAD RELATIVA**	Humedad Relativa: (%) 49-70	

RESULTADO DE ANÁLISIS

PARAMETRO	METODO REFERENCIA	RESULTADO	UNIDAD
*Bases Volatiles Totales	MLA_23	9,27	mg%
Nitrogeno Basico Volatil	MLA_06 INEN 182 1975-04	20,96+/-2.50	mg%

Muestreo realizado por LA EMPRESA

Observaciones Incertidumbre expandida con K=2.

NOTA: *Este reporte solamente puede ser reproducido de forma integral y con la autorización por escrito del SCI. Está totalmente prohibida su reproducción de forma parcial. Los resultados emitidos en éste reporte se refieren exclusivamente al material ensayado y no son relacionados directamente a productos no ensayados. Los registros de los análisis son archivados en el laboratorio por 5 años. Se analizó bajo las condiciones de temperatura de recepción de la muestra. Los ensayos marcado con (*) NO estan incluidos en el alcance de la acreditación del SAE.*

Ministerio de Acuacultura y Pesca
CONTROL INTERNO MULTIDISCIPLINARIO

DRA. SULLY STACIO
RESPONSABLE AUTORIZADO

ING. FERNANDA HURTADO
DIRECTOR(A) TÉCNICO(A)

Letamendi 102 y la Ría * Telefax: (593-4) 2401 773 - 2401 776 - 2401 779 * Fax(593-4) 2402 304
P.O. Box: 09-01-15131 * E-mail: sci@acuaculturaypesca.gob.ec * Guayaquil - Ecuador

LABORATORIO DE ANÁLISIS QUÍMICO Y MICROBIOLÓGICO DE ALIMENTOS
SUBSECRETARÍA DE CALIDAD E INOCUIDAD

Ministerio de Acuacultura y Pesca — SUBSECRETARÍA DE CALIDAD E INOCUIDAD
ORIGINAL

Pag 1/1

CÓDIGO ÚNICO No.	8426-3-M1			**Reporte No.**	24135
EMPRESA	**NOMBRE**	MARIO ANDRES MERO PLAZA			
	DIRECCIÓN	GUAYAQUIL, CDLA. GUAYACANES MZ 54 VILLA 21, GUAYAQUIL, CDLA. GUAYACANES MZ 54 VILLA 21			
TIPO DE PRODUCTO		**FILETE DE TILAPIA ROJA REFRIGERADO Oreochomis niloticus.**			
FACTURA	N/A	**CODIGO/LOTE**	MUESTRA 1	**FECHA DE RECEPCION**	02/07/2018
PESO DECLARADO	N/A	**MARCA**	N/A	**FECHA FINALIZACION DE ANALISIS**	06/07/2018
ORDEN DE TRABAJO	42044	**CLASIFICACION**	N/A	**FECHA DE ENTREGA DE RESULTADOS**	11/07/2018
CONDICIONES AMBIENTALES	Temperatura(°C) 19-26	**HUMEDAD RELATIVA**		Humedad Relativa: (%) 49-70	

RESULTADO DE ANÁLISIS

PARAMETRO	METODO REFERENCIA	RESULTADO	UNIDAD
*Bases Volatiles Totales	MLA_23	4,77	mg%
Nitrogeno Basico Volatil	MLA_06 INEN 182 1975-04	13,17	mg%

Muestreo realizado por LA EMPRESA

Observaciones 15mg% Por debajo del limite de cuantificación

NOTA: *Este reporte solamente puede ser reproducido de forma integral y con la autorización por escrito del SCI. Está totalmente prohibida su reproducción de forma parcial. Los resultados emitidos en éste reporte se refieren exclusivamente al material ensayado y no son relacionados directamente a productos no ensayados. Los registros de los análisis son archivados en el laboratorio por 5 años. Se analizó bajo las condiciones de temperatura de recepción de la muestra. Los ensayos marcados con (*) NO estan incluidos en el alcance de la acreditación del SAE.*

Ministerio de Acuacultura y Pesca — CONTROL INTERNO MULTIDISCIPLINARIO

DRA. SULLY STACIO — RESPONSABLE AUTORIZADO

ING. FERNANDA HURTADO — DIRECTOR(A) TÉCNICO(A)

Letamendi 102 y la Ría * Telefax: (593-4) 2401 773 - 2401 776 - 2401 779 * Fax(593-4) 2402 304
P.O. Box: 09-01-15131 * E-mail: sci@acuaculturaypesca.gob.ec * Guayaquil - Ecuador

LABORATORIO DE ANÁLISIS QUÍMICO Y MICROBIOLÓGICO DE ALIMENTOS
SUBSECRETARÍA DE CALIDAD E INOCUIDAD

Ministerio de Acuacultura y Pesca SUBSECRETARÍA DE CALIDAD E INOCUIDAD ORIGINAL

Pag 1/1

CÓDIGO ÚNICO No.	8426-125-M15			Reporte No.	24143
EMPRESA	NOMBRE	MARIO ANDRES MERO PLAZA			
	DIRECCIÓN	GUAYAQUIL, CDLA. GUAYACANES MZ 54 VILLA 21, GUAYAQUIL, CDLA. GUAYACANES MZ 54 VILLA 21			
TIPO DE PRODUCTO		FILETE DE TILAPIA ROJA REFRIGERADO *Oreochomis niloticus*.			
FACTURA	N/A	CODIGO/LOTE	MUESTRA 1	FECHA DE RECEPCION	05/07/2018
PESO DECLARADO	N/A	MARCA	N/A	FECHA FINALIZACION DE ANALISIS	12/07/2018
ORDEN DE TRABAJO	42044	CLASIFICACION	N/A	FECHA DE ENTREGA DE RESULTADOS	11/07/2018
CONDICIONES AMBIENTALES	Temperatura(°C) 19-26		HUMEDAD RELATIVA	Humedad Relativa: (%) 49-70	

RESULTADO DE ANÁLISIS

PARAMETRO	METODO REFERENCIA	RESULTADO	UNIDAD
*Bases Volatiles Totales	MLA_23	17,97	mg%
Nitrogeno Basico Volatil	MLA_06 INEN 182 1975-04	33,82+/-3.41	mg%

Muestreo realizado por	LA EMPRESA
Observaciones	Incertidumbre expandida con K=2.

NOTA: *Este reporte solamente puede ser reproducido de forma integral y con la autorización por escrito del SCI. Está totalmente prohibida su reproducción de forma parcial. Los resultados emitidos en éste reporte se refieren exclusivamente al material ensayado y no son relacionados directamente a productos no ensayados. Los registros de los análisis son archivados en el laboratorio por 5 años. Se analizó bajo las condiciones de temperatura de recepción de la muestra. Los ensayos marcado con (*) NO estan incluidos en el alcance de la acreditación del SAE.*

Ministerio de Acuacultura y Pesca CONTROL INTERNO MULTIDISCIPLINARIO

DRA. SULLY STACIO
RESPONSABLE AUTORIZADO

ING. FERNANDA HURTADO
DIRECTOR(A) TÉCNICO(A)

Letamendi 102 y la Ría * Telefax: (593-4) 2401 773 - 2401 776 - 2401 779 * Fax(593-4) 2402 304
P.O. Box: 09-01-15131 * E-mail: sci@acuaculturaypesca.gob.ec * Guayaquil - Ecuador

Resultado de análisis químico de filetes de tilapia roja con recubrimiento

LABORATORIO DE ANÁLISIS QUÍMICO Y MICROBIOLÓGICO DE ALIMENTOS
SUBSECRETARÍA DE CALIDAD E INOCUIDAD

Ministerio de Acuacultura y Pesca — SUBSECRETARÍA DE CALIDAD E INOCUIDAD — ORIGINAL

Pag 1/1

CÓDIGO ÚNICO No.	8426-973-M81			**Reporte No.**	24138
EMPRESA	**NOMBRE**	MARIO ANDRES MERO PLAZA			
	DIRECCIÓN	GUAYAQUIL, CDLA. GUAYACANES MZ 54 VILLA 21, GUAYAQUIL, CDLA. GUAYACANES MZ 54 VILLA 21			
TIPO DE PRODUCTO	**FILETE DE TILAPIA ROJA REFRIGERADO Oreochomis niloticus. CON RECUBRIMIENTO DE ALMIDON DE YUCA GLICEROL Y ACEITE ESENCIAL DE ROMERO.**				
FACTURA	N/A	**CODIGO/LOTE**	MUESTRA 2	**FECHA DE RECEPCION**	26/06/2018
PESO DECLARADO	N/A	**MARCA**	N/A	**FECHA FINALIZACION DE ANALISIS**	02/07/2018
ORDEN DE TRABAJO	42044	**CLASIFICACION**	N/A	**FECHA DE ENTREGA DE RESULTADOS**	11/07/2018
CONDICIONES AMBIENTALES	Temperatura(°C) 19-26	**HUMEDAD RELATIVA**	Humedad Relativa: (%) 49-70		

RESULTADO DE ANÁLISIS

PARAMETRO	METODO REFERENCIA	RESULTADO	UNIDAD
*Bases Volatiles Totales	MLA_23	5,05	mg%
Nitrogeno Basico Volatil	MLA_06 INEN 182 1975-04	14,37	mg%

Muestreo realizado por LA EMPRESA

Observaciones *. Incertidumbre expandida con K=2

NOTA: *Este reporte solamente puede ser reproducido de forma integral y con la autorización por escrito del SCI. Está totalmente prohibida su reproducción de forma parcial. Los resultados emitidos en éste reporte se refieren exclusivamente al material ensayado y no son relacionados directamente a productos no ensayados. Los registros de los análisis son archivados en el laboratorio por 5 años. Se analizó bajo las condiciones de temperatura de recepción de la muestra. Los ensayos marcado con (*) NO estan incluidos en el alcance de la acreditación del SAE.*

Ministerio de Acuacultura y Pesca — CONTROL INTERNO MULTIDISCIPLINARIO

DRA. SULLY STACIO — RESPONSABLE AUTORIZADO

ING. FERNANDA HURTADO — DIRECTOR(A) TÉCNICO(A)

Letamendi 102 y la Ría * Telefax: (593-4) 2401 773 - 2401 776 - 2401 779 * Fax(593-4) 2402 304
P.O. Box: 09-01-15131 * E-mail: sci@acuaculturaypesca.gob.ec * Guayaquil - Ecuador

LABORATORIO DE ANÁLISIS QUÍMICO Y MICROBIOLÓGICO DE ALIMENTOS
SUBSECRETARÍA DE CALIDAD E INOCUIDAD

Ministerio de Acuacultura y Pesca — SUBSECRETARÍA DE CALIDAD E INOCUIDAD

ORIGINAL

Pag 1/1

CÓDIGO ÚNICO No.	8426-1065-M94			**Reporte No.**	24140
EMPRESA	**NOMBRE**	MARIO ANDRES MERO PLAZA			
	DIRECCIÓN	GUAYAQUIL, CDLA. GUAYACANES MZ 54 VILLA 21, GUAYAQUIL, CDLA. GUAYACANES MZ 54 VILLA 21			
TIPO DE PRODUCTO	**FILETE DE TILAPIA ROJA REFRIGERADO Oreochomis niloticus. CON RECUBRIMIENTO DE ALMIDON DE YUCA GLICEROL Y ACEITE ESENCIAL DE ROMERO.**				
FACTURA	N/A	**CODIGO/LOTE**	MUESTRA 2	**FECHA DE RECEPCION**	27/06/2018
PESO DECLARADO	N/A	**MARCA**	N/A	**FECHA FINALIZACION DE ANALISIS**	04/07/2018
ORDEN DE TRABAJO	42044	**CLASIFICACION**	N/A	**FECHA DE ENTREGA DE RESULTADOS**	11/07/2018
CONDICIONES AMBIENTALES	Temperatura(°C) 19-26		**HUMEDAD RELATIVA**	Humedad Relativa: (%) 49-70	

RESULTADO DE ANÁLISIS

PARAMETRO	METODO REFERENCIA	RESULTADO	UNIDAD
*Bases Volatiles Totales	MLA_23	7,58	mg%
Nitrogeno Basico Volatil	MLA_06 INEN 182 1975-04	21,49+/-2,50	mg%

Muestreo realizado por LA EMPRESA

Observaciones Incertidumbre expandida con K=2.

NOTA: *Este reporte solamente puede ser reproducido de forma integral y con la autorización por escrito del SCI. Está totalmente prohibida su reproducción de forma parcial. Los resultados emitidos en éste reporte se refieren exclusivamente al material ensayado y no son relacionados directamente a productos no ensayados. Los registros de los análisis son archivados en el laboratorio por 5 años. Se analizó bajo las condiciones de temperatura de recepción de la muestra. Los ensayos marcado con (*) NO estan incluidos en el alcance de la acreditación del SAE.*

Ministerio de Acuacultura y Pesca — CONTROL INTERNO MULTIDISCIPLINARIO

DRA. SULLY STAGG — RESPONSABLE AUTORIZADO

ING. FERNANDA HURTADO — DIRECTOR(A) TÉCNICO(A)

Letamendi 102 y la Ria * Telefax: (593-4) 2401 773 - 2401 776 - 2401 779 * Fax(593-4) 2402 304
P.O. Box: 09-01-15131 * E-mail: sci@acuaculturaypesca.gob.ec * Guayaquil - Ecuador

LABORATORIO DE ANÁLISIS QUÍMICO Y MICROBIOLÓGICO DE ALIMENTOS
SUBSECRETARÍA DE CALIDAD E INOCUIDAD

Ministerio de Acuacultura y Pesca — SUBSECRETARÍA DE CALIDAD E INOCUIDAD

ORIGINAL

Pag 1/1

CÓDIGO ÚNICO No.	8426-1188-M108			**Reporte No.**	24142
EMPRESA	**NOMBRE**	MARIO ANDRES MERO PLAZA			
	DIRECCIÓN	GUAYAQUIL, CDLA. GUAYACANES MZ 54 VILLA 21, GUAYAQUIL, CDLA. GUAYACANES MZ 54 VILLA 21			
TIPO DE PRODUCTO	**FILETE DE TILAPIA ROJA REFRIGERADO Oreochomis niloticus. CON RECUBRIMIENTO DE ALMIDON DE YUCA GLICEROL Y ACEITE ESENCIAL DE ROMERO.**				
FACTURA	N/A	**CODIGO/LOTE**	MUESTRA 2	**FECHA DE RECEPCION**	29/06/2018
PESO DECLARADO	N/A	**MARCA**	N/A	**FECHA FINALIZACION DE ANALISIS**	05/07/2018
ORDEN DE TRABAJO	42044	**CLASIFICACION**	N/A	**FECHA DE ENTREGA DE RESULTADOS**	11/07/2018
CONDICIONES AMBIENTALES	Temperatura(°C) 19-26		**HUMEDAD RELATIVA**	Humedad Relativa: (%) 49-70	

RESULTADO DE ANÁLISIS

PARAMETRO	METODO REFERENCIA	RESULTADO	UNIDAD
***Bases Volatiles Totales**	MLA_23	8,71	mg%
Nitrogeno Basico Volatil	MLA_06 INEN 182 1975-04	19,77+/-2.50	mg%

Muestreo realizado por LA EMPRESA

Observaciones *. Incertidumbre expandida con K=2.

NOTA: *Este reporte solamente puede ser reproducido de forma integral y con la autorización por escrito del SCI. Está totalmente prohibida su reproducción de forma parcial. Los resultados emitidos en éste reporte se refieren exclusivamente al material ensayado y no son relacionados directamente a productos no ensayados. Los registros de los análisis son archivados en el laboratorio por 5 años. Se analizó bajo las condiciones de temperatura de recepción de la muestra. Los ensayos marcado con (*) NO estan incluidos en el alcance de la acreditación del SAE.*

CONTROL INTERNO MULTIDISCIPLINARIO

DRA. SULLY STACIO	ING. FERNANDA HURTADO
RESPONSABLE AUTORIZADO	DIRECTOR(A) TÉCNICO(A)

Letamendi 102 y la Ría * Telefax: (593-4) 2401 773 - 2401 776 - 2401 779 * Fax(593-4) 2402 304
P.O. Box: 09-01-15131 * E-mail: sci@acuaculturaypesca.gob.ec * Guayaquil - Ecuador

LABORATORIO DE ANÁLISIS QUÍMICO Y MICROBIOLÓGICO DE ALIMENTOS
SUBSECRETARÍA DE CALIDAD E INOCUIDAD

Ministerio de Acuacultura y Pesca — SUBSECRETARIA DE CALIDAD E INOCUIDAD

ORIGINAL

Pag 1/1

CÓDIGO ÚNICO No. 8426-4-M1 **Reporte No.** 24136

EMPRESA **NOMBRE** MARIO ANDRES MERO PLAZA

DIRECCIÓN GUAYAQUIL, CDLA. GUAYACANES MZ 54 VILLA 21, GUAYAQUIL, CDLA. GUAYACANES MZ 54 VILLA 21

TIPO DE PRODUCTO **FILETE DE TILAPIA ROJA REFRIGERADO Oreochomis niloticus. CON RECUBRIMIENTO DE ALMIDON DE YUCA GLICEROL Y ACEITE ESENCIAL DE ROMERO.**

FACTURA	N/A	**CODIGO/LOTE**	MUESTRA 2	**FECHA DE RECEPCION**	02/07/2018
PESO DECLARADO	N/A	**MARCA**	N/A	**FECHA FINALIZACION DE ANALISIS**	06/07/2018
ORDEN DE TRABAJO	42044	**CLASIFICACION**	N/A	**FECHA DE ENTREGA DE RESULTADOS**	11/07/2018
CONDICIONES AMBIENTALES	Temperatura(ºC) 19-26		**HUMEDAD RELATIVA**	Humedad Relativa: (%) 49-70	

RESULTADO DE ANÁLISIS

PARAMETRO	METODO REFERENCIA	RESULTADO	UNIDAD
*Bases Volatiles Totales	MLA_23	5,89	mg%
Nitrogeno Basico Volatil	MLA_06 INEN 182 1975-04	13,95	mg%

Muestreo realizado por LA EMPRESA

Observaciones <15mg% Por debajo del límite de cuantificación

NOTA: *Este reporte solamente puede ser reproducido de forma integral y con la autorización por escrito del SCI. Está totalmente prohibida su reproducción de forma parcial. Los resultados emitidos en éste reporte se refieren exclusivamente al material ensayado y no son relacionados directamente a productos no ensayados. Los registros de los análisis son archivados en el laboratorio por 5 años. Se analizó bajo las condiciones de temperatura de recepción de la muestra. Los ensayos marcados con (*) NO estan incluidos en el alcance de la acreditación del SAE.*

Ministerio de Acuacultura y Pesca — CONTROL INTERNO MULTIDISCIPLINARIO

DRA. SULLY STACIO — RESPONSABLE AUTORIZADO

ING. FERNANDA HURTADO — DIRECTOR(A) TÉCNICO(A)

Letamendi 102 y la Ria * Telefax: (593-4) 2401 773 - 2401 776 - 2401 779 * Fax(593-4) 2402 304
P.O. Box: 09-01-15131 * E-mail: sci@acuaculturaypesca.gob.ec * Guayaquil - Ecuador

LABORATORIO DE ANÁLISIS QUÍMICO Y MICROBIOLÓGICO DE ALIMENTOS
SUBSECRETARÍA DE CALIDAD E INOCUIDAD

Ministerio de Acuacultura y Pesca SUBSECRETARÍA DE CALIDAD E INOCUIDAD
ORIGINAL

Pag 1/1

CÓDIGO ÚNICO No.	8426-126-M15			**Reporte No.**	24144
EMPRESA	**NOMBRE**	MARIO ANDRES MERO PLAZA			
	DIRECCIÓN	GUAYAQUIL, CDLA. GUAYACANES MZ 54 VILLA 21, GUAYAQUIL, CDLA. GUAYACANES MZ 54 VILLA 21			
TIPO DE PRODUCTO	**FILETE DE TILAPIA ROJA REFRIGERADO Oreochomis niloticus. CON RECUBRIMIENTO DE ALMIDON DE YUCA GLICEROL Y ACEITE ESENCIAL DE ROMERO.**				
FACTURA	N/A	**CODIGO/LOTE**	MUESTRA 2	**FECHA DE RECEPCION**	05/07/2018
PESO DECLARADO	N/A	**MARCA**	N/A	**FECHA FINALIZACION DE ANALISIS**	12/07/2018
ORDEN DE TRABAJO	42044	**CLASIFICACION**	N/A	**FECHA DE ENTREGA DE RESULTADOS**	11/07/2018
CONDICIONES AMBIENTALES	Temperatura(°C) 19-26		**HUMEDAD RELATIVA**	Humedad Relativa: (%) 49-70	

RESULTADO DE ANÁLISIS

PARAMETRO	METODO REFERENCIA	RESULTADO	UNIDAD
*Bases Volatiles Totales	MLA_23	8,43	mg%
Nitrogeno Basico Volatil	MLA_06 INEN 182 1975-04	21,48+/-2.50	mg%

Muestreo realizado por LA EMPRESA

Observaciones Incertidumbre expandida con K=2.

NOTA: *Este reporte solamente puede ser reproducido de forma integral y con la autorización por escrito del SCI. Está totalmente prohibida su reproducción de forma parcial. Los resultados emitidos en éste reporte se refieren exclusivamente al material ensayado y no son relacionados directamente a productos no ensayados. Los registros de los análisis son archivados en el laboratorio por 5 años. Se analizó bajo las condiciones de temperatura de recepción de la muestra. Los ensayos marcado con (*) NO estan incluidos en el alcance de la acreditación del SAE.*

Ministerio de Acuacultura y Pesca
CONTROL INTERNO MULTIDISCIPLINARIO

DRA. SULLY STACIO — RESPONSABLE AUTORIZADO

MARIA FERNANDA HURTADO — DIRECTOR(A) TÉCNICO(A)

Letamendi 102 y la Ría * Telefax: (593-4) 2401 773 - 2401 776 - 2401 779 * Fax(593-4) 2402 304
P.O. Box: 09-01-15131 * E-mail: sci@acuaculturaypesca.gob.ec * Guayaquil - Ecuador

Resultado de análisis microbiológico de filetes de tilapia roja sin recubrimiento

Acreditación N° OAE LE 07-004 LABORATORIO DE ENSAYOS

LABORATORIO DE ANÁLISIS QUÍMICO Y MICROBIOLÓGICO DE ALIMENTOS
SUBSECRETARÍA DE CALIDAD E INOCUIDAD

Ministerio de Acuacultura y Pesca — SUBSECRETARÍA DE CALIDAD E INOCUIDAD — ORIGINAL

Pag 1/1

CÓDIGO ÚNICO No.	8426-974-M82			Reporte No.	24127
EMPRESA	NOMBRE	MARIO ANDRES MERO PLAZA			
	DIRECCIÓN	GUAYAQUIL, CDLA. GUAYACANES MZ 54 VILLA 21, GUAYAQUIL, CDLA. GUAYACANES MZ 54 VILLA 21			
TIPO DE PRODUCTO	FILETE DE TILAPIA ROJA REFRIGERADO *Oreochomis niloticus.*				
FACTURA	N/A	CODIGO/LOTE	MUESTRA 1	FECHA DE RECEPCION	26/06/2018
PESO DECLARADO	N/A	MARCA	N/A	FECHA FINALIZACION DE ANALISIS	29/06/2018
ORDEN DE TRABAJO	42452	CLASIFICACION	N/A	FECHA DE ENTREGA DE RESULTADOS	11/07/2018
CONDICIONES AMBIENTALES	Temperatura(°C) 19-26		HUMEDAD RELATIVA	Humedad Relativa: (%) 49-70	

RESULTADO DE ANÁLISIS

PARAMETRO	METODO REFERENCIA	RESULTADO	UNIDAD
Aerobios	MLM_09 AOAC 990.12 Cap. 17, Ed. 20, 2016	81x10^3ufc/ +/- 2,36%	g
Coliformes totales	MLM_14 AOAC 991.14 Cap. 17, Ed. 20, 2016	<10ufc/	g
*Vibrio spp	MLM_46	No Detectado/25	g

Muestreo realizado por	LA EMPRESA
Observaciones	

NOTA: *Este reporte solamente puede ser reproducido de forma integral y con la autorización por escrito del SCI. Está totalmente prohibida su reproducción de forma parcial. Los resultados emitidos en éste reporte se refieren exclusivamente al material ensayado y no son relacionados directamente a productos no ensayados. Los registros de los análisis son archivados en el laboratorio por 5 años. Se analizó bajo las condiciones de temperatura de recepción de la muestra. Los ensayos marcados con (*) no están incluidos en el alcance de la acreditación del SAE.*

CONTROL INTERNO MULTIDISCIPLINARIO

DRA. SULLY STACIO
RESPONSABLE AUTORIZADO

ING. FERNANDA HURTADO
DIRECTOR(A) TÉCNICO(A)

Letamendi 102 y la Ría * Telefax: (593-4) 2401 773 - 2401 776 - 2401 779 * Fax(593-4) 2402 304
P.O. Box: 09-01-15131 * E-mail: sci@acuaculturaypesca.gob.ec * Guayaquil - Ecuador

Acreditación N° OAE LE 07-004
LABORATORIO DE ENSAYOS

LABORATORIO DE ANÁLISIS QUÍMICO Y MICROBIOLÓGICO DE ALIMENTOS
SUBSECRETARÍA DE CALIDAD E INOCUIDAD

Ministerio de Acuacultura y Pesca — SUBSECRETARÍA DE CALIDAD E INOCUIDAD
ORIGINAL

CÓDIGO ÚNICO No.	8426-1106-M97			**Reporte No.**	24129
EMPRESA	**NOMBRE**	MARIO ANDRES MERO PLAZA			
	DIRECCIÓN	GUAYAQUIL, CDLA. GUAYACANES MZ 54 VILLA 21, GUAYAQUIL, CDLA. GUAYACANES MZ 54 VILLA 21			
TIPO DE PRODUCTO		**FILETE DE TILAPIA ROJA REFRIGERADO Oreochomis niloticus.**			
FACTURA	N/A	**CODIGO/LOTE**	MUESTRA 1	**FECHA DE RECEPCION**	27/06/2018
PESO DECLARADO	N/A	**MARCA**	N/A	**FECHA FINALIZACION DE ANALISIS**	02/07/2018
ORDEN DE TRABAJO	42496	**CLASIFICACION**	N/A	**FECHA DE ENTREGA DE RESULTADOS**	11/07/2018
CONDICIONES AMBIENTALES	Temperatura(°C) 19-26		**HUMEDAD RELATIVA**	Humedad Relativa: (%) 49-70	

RESULTADO DE ANÁLISIS

PARAMETRO	METODO REFERENCIA	RESULTADO	UNIDAD
Aerobios	MLM_09 AOAC 990.12 Cap. 17, Ed. 20, 2016	26x10^3ufc/ +/- 2,36%	g
Coliformes totales	MLM_14 AOAC 991.14 Cap. 17, Ed. 20, 2016	<10ufc/	g
***Vibrio spp**	MLM_46	No Detectado/25	g

Muestreo realizado por	LA EMPRESA
Observaciones	

NOTA: *Este reporte solamente puede ser reproducido de forma integral y con la autorización por escrito del SCI. Está totalmente prohibida su reproducción de forma parcial. Los resultados emitidos en éste reporte se refieren exclusivamente al material ensayado y no son relacionados directamente a productos no ensayados. Los registros de los análisis son archivados en el laboratorio por 5 años. Se analizó bajo las condiciones de temperatura de recepción de la muestra. Los ensayos marcados con (*) NO están incluidos en el alcance de la acreditación del SAE.*

Ministerio de Acuacultura y Pesca — CONTROL INTERNO MULTIDISCIPLINARIO

DRA. SULLY STACIO
RESPONSABLE AUTORIZADO

ING. FERNANDA HURTADO
DIRECTOR(A) TÉCNICO(A)

Letamendi 102 y la Ría * Telefax: (593-4) 2401 773 - 2401 776 - 2401 779 * Fax(593-4) 2402 304
P.O. Box: 09-01-15131 * E-mail: sci@acuaculturaypesca.gob.ec * Guayaquil - Ecuador

LABORATORIO DE ANÁLISIS QUÍMICO Y MICROBIOLÓGICO DE ALIMENTOS
SUBSECRETARÍA DE CALIDAD E INOCUIDAD

Ministerio de Acuacultura y Pesca SUBSECRETARÍA DE CALIDAD E INOCUIDAD
ORIGINAL

Pag 1/1

CÓDIGO ÚNICO No.	8426-1189-M109			**Reporte No.**	24131
EMPRESA	**NOMBRE**	MARIO ANDRES MERO PLAZA			
	DIRECCIÓN	GUAYAQUIL, CDLA. GUAYACANES MZ 54 VILLA 21, GUAYAQUIL, CDLA. GUAYACANES MZ 54 VILLA 21			
TIPO DE PRODUCTO		**FILETE DE TILAPIA ROJA REFRIGERADO Oreochomis niloticus.**			
FACTURA	N/A	**CODIGO/LOTE**	MUESTRA 1	**FECHA DE RECEPCION**	29/06/2018
PESO DECLARADO	N/A	**MARCA**	N/A	**FECHA FINALIZACION DE ANALISIS**	05/07/2018
ORDEN DE TRABAJO	42618	**CLASIFICACION**	N/A	**FECHA DE ENTREGA DE RESULTADOS**	11/07/2018
CONDICIONES AMBIENTALES	Temperatura(°C) 19-26		**HUMEDAD RELATIVA**	Humedad Relativa: (%) 49-70	

RESULTADO DE ANÁLISIS

PARAMETRO	METODO REFERENCIA	RESULTADO	UNIDAD
Aerobios	MLM_09 AOAC 990.12 Cap. 17, Ed. 20, 2016	56x10^3ufc/ +/- 2.36%	g
Coliformes totales	MLM_14 AOAC 991.14 Cap. 17, Ed. 20, 2016	<10ufc/	g
***Vibrio spp**	MLM_46	No Detectado/25	g

Muestreo realizado por LA EMPRESA

Observaciones

NOTA: *Este reporte solamente puede ser reproducido de forma integral y con la autorización por escrito del SCI. Está totalmente prohibida su reproducción de forma parcial. Los resultados emitidos en éste reporte se refieren exclusivamente al material ensayado y no son relacionados directamente a productos no ensayados. Los registros de los análisis son archivados en el laboratorio por 5 años. Se analizó bajo las condiciones de temperatura de recepción de la muestra. Los ensayos marcados con (*) NO estan incluidos en el alcance de la acreditación del SAE.*

Ministerio de Acuacultura y Pesca CONTROL INTERNO MULTIDISCIPLINARIO

DRA. SULLY STACIO	ING. FERNANDA HURTADO
RESPONSABLE AUTORIZADO	DIRECTOR(A) TÉCNICO(A)

Letamendi 102 y la Ria * Telefax: (593-4) 2401 773 - 2401 776 - 2401 779 * Fax(593-4) 2402 304
P.O. Box: 09-01-15131 * E-mail: sci@acuaculturaypesca.gob.ec * Guayaquil - Ecuador

LABORATORIO DE ANÁLISIS QUÍMICO Y MICROBIOLÓGICO DE ALIMENTOS
SUBSECRETARÍA DE CALIDAD E INOCUIDAD

Ministerio de Acuacultura y Pesca SUBSECRETARÍA DE CALIDAD E INOCUIDAD
ORIGINAL

Pag 1/1

CÓDIGO ÚNICO No.	8426-5-M2			**Reporte No.**	24133
EMPRESA	**NOMBRE**	MARIO ANDRES MERO PLAZA			
	DIRECCIÓN	GUAYAQUIL, CDLA. GUAYACANES MZ 54 VILLA 21, GUAYAQUIL, CDLA. GUAYACANES MZ 54 VILLA 21			
TIPO DE PRODUCTO		**FILETE DE TILAPIA ROJA REFRIGERADO Oreochomis niloticus.**			
FACTURA	N/A	**CODIGO/LOTE**	MUESTRA 1	**FECHA DE RECEPCION**	02/07/2018
PESO DECLARADO	N/A	**MARCA**	N/A	**FECHA FINALIZACION DE ANALISIS**	05/07/2018
ORDEN DE TRABAJO	42658	**CLASIFICACION**	N/A	**FECHA DE ENTREGA DE RESULTADOS**	11/07/2018
CONDICIONES AMBIENTALES	Temperatura(°C) 19-26		**HUMEDAD RELATIVA**	Humedad Relativa: (%) 49-70	

RESULTADO DE ANÁLISIS

PARAMETRO	METODO REFERENCIA	RESULTADO	UNIDAD
Aerobios	MLM_09 AOAC 990.12 Cap. 17, Ed. 20, 2016	21x10^4ufc/ +/- 2,36%	g
Coliformes totales	MLM_14 AOAC 991.14 Cap. 17, Ed. 20, 2016	2x10^1ufc/ +/- 2,24%	g
***Vibrio spp**	MLM_46	No Detectado/25	g

Muestreo realizado por LA EMPRESA

Observaciones

NOTA: *Este reporte solamente puede ser reproducido de forma integral y con la autorización por escrito del SCI. Está totalmente prohibida su reproducción de forma parcial. Los resultados emitidos en éste reporte se refieren exclusivamente al material ensayado y no son relacionados directamente a productos no ensayados. Los registros de los análisis son archivados en el laboratorio por 5 años. Se analizó bajo las condiciones de temperatura de recepción de la muestra. Los ensayos marcados con (*) NO están incluidos en el alcance de la acreditación del SAE.*

Ministerio de Acuacultura y Pesca
CONTROL INTERNO MULTIDISCIPLINARIO

DRA. SULLY STACIO
RESPONSABLE AUTORIZADO

ING. FERNANDA HURTADO
DIRECTOR(A) TÉCNICO(A)

Letamendi 102 y la Ría * Telefax: (593-4) 2401 773 - 2401 776 - 2401 779 * Fax(593-4) 2402 304
P.O. Box: 09-01-15131 * E-mail: sci@acuaculturaypesca.gob.ec * Guayaquil - Ecuador

LABORATORIO DE ANÁLISIS QUÍMICO Y MICROBIOLÓGICO DE ALIMENTOS
SUBSECRETARÍA DE CALIDAD E INOCUIDAD

ORIGINAL

CÓDIGO ÚNICO No.	8426-123-M14			Reporte No.	24185
EMPRESA	NOMBRE	MARIO ANDRES MERO PLAZA			
	DIRECCIÓN	GUAYAQUIL, CDLA. GUAYACANES MZ 54 VILLA 21, GUAYAQUIL, CDLA. GUAYACANES MZ 54 VILLA 21			
TIPO DE PRODUCTO		FILETE DE TILAPIA ROJA REFRIGERADO *Oreochomis niloticus*.			
FACTURA	N/A	CODIGO/LOTE	MUESTRA 1	FECHA DE RECEPCION	05/07/2018
PESO DECLARADO	N/A	MARCA	N/A	FECHA FINALIZACION DE ANALISIS	10/07/2018
ORDEN DE TRABAJO	42797	CLASIFICACION	N/A	FECHA DE ENTREGA DE RESULTADOS	11/07/2018
CONDICIONES AMBIENTALES	Temperatura(°C) 19-26		HUMEDAD RELATIVA	Humedad Relativa: (%) 49-70	

RESULTADO DE ANÁLISIS			
PARAMETRO	METODO REFERENCIA	RESULTADO	UNIDAD
Aerobios	MLM_09 AOAC 990.12 Cap. 17, Ed. 20, 2016	32x10^5ufc/ +/- 2,36%	g
Coliformes totales	MLM_14 AOAC 991.14 Cap. 17, Ed. 20, 2016	<10ufc/	g
*Vibrio spp	MLM_46	No Detectado/25	g

Muestreo realizado por	LA EMPRESA
Observaciones	

NOTA: *Este reporte solamente puede ser reproducido de forma integral y con la autorización por escrito del SCI. Está totalmente prohibida su reproducción de forma parcial. Los resultados emitidos en éste reporte se refieren exclusivamente al material ensayado y no son relacionados directamente a productos no ensayados. Los registros de los análisis son archivados en el laboratorio por 5 años. Se analizó bajo las condiciones de temperatura de recepción de la muestra. Los ensayos marcado con (*) NO estan incluidos en el alcance de la acreditación del SAE.*

Ministerio de Acuacultura y Pesca
CONTROL INTERNO MULTIDISCIPLINARIO

DRA. SULLY STACIO	ING. FERNANDA HURTADO
RESPONSABLE AUTORIZADO	DIRECTOR(A) TÉCNICO(A)

Letamendi 102 y la Ría * Telefax: (593-4) 2401 773 - 2401 776 - 2401 779 * Fax(593-4) 2402 304
P.O. Box: 09-01-15131 * E-mail: sci@acuaculturaypesca.gob.ec * Guayaquil - Ecuador

Resultado de análisis microbiológico de filetes de tilapia roja con recubrimiento

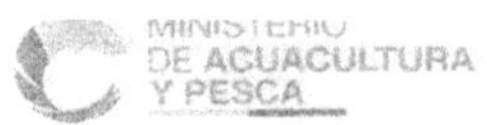

Acreditación N° OAE LE 07-004 LABORATORIO DE ENSAYOS

LABORATORIO DE ANÁLISIS QUÍMICO Y MICROBIOLÓGICO DE ALIMENTOS
SUBSECRETARÍA DE CALIDAD E INOCUIDAD

Ministerio de Acuacultura y Pesca SUBSECRETARÍA DE CALIDAD E INOCUIDAD
ORIGINAL

Pag 1/1

CÓDIGO ÚNICO No.	8426-975-M82			**Reporte No.**	24128
EMPRESA	**NOMBRE**	MARIO ANDRES MERO PLAZA			
	DIRECCIÓN	GUAYAQUIL, CDLA. GUAYACANES MZ 54 VILLA 21, GUAYAQUIL, CDLA. GUAYACANES MZ 54 VILLA 21			
TIPO DE PRODUCTO	**FILETE DE TILAPIA ROJA REFRIGERADO Oreochomis niloticus CON RECUBRIMIENTO DE ALMIDÒN DE YUCA Y ACEITE ESENCIAL DE ROMERO.**				
FACTURA	N/A	**CODIGO/LOTE**	MUESTRA 2	**FECHA DE RECEPCION**	26/06/2018
PESO DECLARADO	N/A	**MARCA**	N/A	**FECHA FINALIZACION DE ANALISIS**	29/06/2018
ORDEN DE TRABAJO	42452	**CLASIFICACION**	N/A	**FECHA DE ENTREGA DE RESULTADOS**	11/07/2018
CONDICIONES AMBIENTALES	Temperatura(°C) 19-26		**HUMEDAD RELATIVA**	Humedad Relativa: (%) 49-70	

RESULTADO DE ANÁLISIS

PARAMETRO	METODO REFERENCIA	RESULTADO	UNIDAD
Aerobios	MLM_09 AOAC 990.12 Cap. 17, Ed. 20, 2016	87x10^3ufc/ +/- 2,36%	g
Coliformes totales	MLM_14 AOAC 991.14 Cap. 17, Ed. 20, 2016	<10ufc/	g
***Vibrio spp**	MLM_46	No Detectado/25	g

Muestreo realizado por	LA EMPRESA
Observaciones	

NOTA: *Este reporte solamente puede ser reproducido de forma integral y con la autorización por escrito del SCI. Está totalmente prohibida su reproducción de forma parcial. Los resultados emitidos en éste reporte se refieren exclusivamente al material ensayado y no son relacionados directamente a productos no ensayados. Los registros de los análisis son archivados en el laboratorio por 5 años. Se analizó bajo las condiciones de temperatura de recepción de la muestra. Los ensayos marcados con (*) NO estan incluidos en el alcance de la acreditación del SAE.*

Ministerio de Acuacultura y Pesca CONTROL INTERNO MULTIDISCIPLINARIO

DRA. SULLY STACIO
RESPONSABLE AUTORIZADO

ING. FERNANDA HURTADO
DIRECTOR(A) TÉCNICO(A)

Letamendi 102 y la Ría * Telefax: (593-4) 2401 773 - 2401 776 - 2401 779 * Fax(593-4) 2402 304
P.O. Box: 09-01-15131 * E-mail: sci@acuaculturaypesca.gob.ec * Guayaquil - Ecuador

LABORATORIO DE ANÁLISIS QUÍMICO Y MICROBIOLÓGICO DE ALIMENTOS
SUBSECRETARÍA DE CALIDAD E INOCUIDAD

Pag 1/1

ORIGINAL

CÓDIGO ÚNICO No.	8426-1107-M97			Reporte No.	24130
EMPRESA	NOMBRE	MARIO ANDRES MERO PLAZA			
	DIRECCIÓN	GUAYAQUIL, CDLA. GUAYACANES MZ 54 VILLA 21, GUAYAQUIL, CDLA. GUAYACANES MZ 54 VILLA 21			
TIPO DE PRODUCTO	FILETE DE TILAPIA ROJA REFRIGERADO Oreochomis niloticus. CON RECUBRIMIENTO DE ALMIDON DE YUCA GLICEROL Y ACEITE ESENCIAL DE				
FACTURA	N/A	CODIGO/LOTE	MUESTRA 2	FECHA DE RECEPCION	27/06/2018
PESO DECLARADO	N/A	MARCA	N/A	FECHA FINALIZACION DE ANALISIS	02/07/2018
ORDEN DE TRABAJO	42496	CLASIFICACION	N/A	FECHA DE ENTREGA DE RESULTADOS	11/07/2018
CONDICIONES AMBIENTALES	Temperatura(°C) 19-26		HUMEDAD RELATIVA	Humedad Relativa: (%) 49-70	

RESULTADO DE ANÁLISIS

PARAMETRO	METODO REFERENCIA	RESULTADO	UNIDAD
Aerobios	MLM_09 AOAC 990.12 Cap. 17, Ed. 20, 2016	77x10^3ufc/ +/- 2.36%	g
Coliformes totales	MLM_14 AOAC 991.14 Cap. 17, Ed. 20, 2016	<10ufc/	g
*Vibrio spp	MLM_46	No Detectado/25	g

Muestreo realizado por LA EMPRESA

Observaciones

NOTA: *Este reporte solamente puede ser reproducido de forma integral y con la autorización por escrito del SCI. Está totalmente prohibida su reproducción de forma parcial. Los resultados emitidos en éste reporte se refieren exclusivamente al material ensayado y no son relacionados directamente a productos no ensayados. Los registros de los análisis son archivados en el laboratorio por 5 años. Se analizó bajo las condiciones de temperatura de recepción de la muestra. Los ensayos marcados con (*) NO estan incluidos en el alcance de la acreditación del SAE.*

Ministerio de Acuacultura y Pesca
CONTROL INTERNO MULTIDISCIPLINARIO

DRA. SULLY STACIO
RESPONSABLE AUTORIZADO

ING. FERNANDA HURTADO
DIRECTOR(A) TÉCNICO(A)

Letamendi 102 y la Ría * Telefax: (593-4) 2401 773 - 2401 776 - 2401 779 * Fax(593-4) 2402 304
P.O. Box: 09-01-15131 * E-mail: sci@acuaculturaypesca.gob.ec * Guayaquil - Ecuador

LABORATORIO DE ANÁLISIS QUÍMICO Y MICROBIOLÓGICO DE ALIMENTOS
SUBSECRETARÍA DE CALIDAD E INOCUIDAD

Ministerio de Acuacultura y Pesca SUBSECRETARÍA DE CALIDAD E INOCUIDAD
ORIGINAL

Pag 1/1

CÓDIGO ÚNICO No.	8426-1190-M109			**Reporte No.**	24132
EMPRESA	**NOMBRE**	MARIO ANDRES MERO PLAZA			
	DIRECCIÓN	GUAYAQUIL, CDLA. GUAYACANES MZ 54 VILLA 21, GUAYAQUIL, CDLA. GUAYACANES MZ 54 VILLA 21			
TIPO DE PRODUCTO	**FILETE DE TILAPIA ROJA REFRIGERADO Oreochomis niloticus. CON RECUBRIMIENTO DE ALMIDON DE YUCA GLICEROL Y ACEITE ESENCIAL DE ROMERO.**				
FACTURA	N/A	**CODIGO/LOTE**	MUESTRA 2	**FECHA DE RECEPCION**	29/06/2018
PESO DECLARADO	N/A	**MARCA**	N/A	**FECHA FINALIZACION DE ANALISIS**	05/07/2018
ORDEN DE TRABAJO	42618	**CLASIFICACION**	N/A	**FECHA DE ENTREGA DE RESULTADOS**	11/07/2018
CONDICIONES AMBIENTALES	Temperatura(°C) 19-26		**HUMEDAD RELATIVA**	Humedad Relativa: (%) 49-70	

RESULTADO DE ANÁLISIS

PARAMETRO	METODO REFERENCIA	RESULTADO	UNIDAD
Aerobios	MLM_09 AOAC 990.12 Cap. 17, Ed. 20, 2016	46x10^3ufc/ +/- 2,36%	g
Coliformes totales	MLM_14 AOAC 991.14 Cap. 17, Ed. 20, 2016	<10ufc/	g
***Vibrio spp**	MLM_46	No Detectado/25	g

Muestreo realizado por LA EMPRESA

Observaciones

NOTA: *Este reporte solamente puede ser reproducido de forma integral y con la autorización por escrito del SCI. Está totalmente prohibida su reproducción de forma parcial. Los resultados emitidos en éste reporte se refieren exclusivamente al material ensayado y no son relacionados directamente a productos no ensayados. Los registros de los análisis son archivados en el laboratorio por 5 años. Se analizó bajo las condiciones de temperatura de recepción de la muestra. Los ensayos marcado con (*) NO estan incluidos en el alcance de la acreditación del SAE.*

Ministerio de Acuacultura y Pesca
CONTROL INTERNO MULTIDISCIPLINARIO

DRA. SULLY STACIO — RESPONSABLE AUTORIZADO

ING. FERNANDA HURTADO — DIRECTOR(A) TÉCNICO(A)

Letamendi 102 y la Ría * Telefax: (593-4) 2401 773 - 2401 776 - 2401 779 * Fax(593-4) 2402 304
P.O. Box: 09-01-15131 * E-mail: sci@acuaculturaypesca.gob.ec * Guayaquil - Ecuador

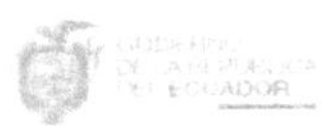

LABORATORIO DE ANÁLISIS QUÍMICO Y MICROBIOLÓGICO DE ALIMENTOS
SUBSECRETARÍA DE CALIDAD E INOCUIDAD

Ministerio de Acuacultura y Pesca SUBSECRETARÍA DE CALIDAD E INOCUIDAD
ORIGINAL

Pag 1/1

CÓDIGO ÚNICO No.	8426-6-M2			**Reporte No.**	24134
EMPRESA	**NOMBRE**	MARIO ANDRES MERO PLAZA			
	DIRECCIÓN	GUAYAQUIL, CDLA. GUAYACANES MZ 54 VILLA 21, GUAYAQUIL, CDLA. GUAYACANES MZ 54 VILLA 21			
TIPO DE PRODUCTO	**FILETE DE TILAPIA ROJA REFRIGERADO Oreochomis niloticus. CON RECUBRIMIENTO DE ALMIDON DE YUCA GLICEROL Y ACEITE ESENCIAL DE ROMERO.**				
FACTURA	N/A	**CODIGO/LOTE**	MUESTRA 2	**FECHA DE RECEPCION**	02/07/2018
PESO DECLARADO	N/A	**MARCA**	N/A	**FECHA FINALIZACION DE ANALISIS**	05/07/2018
ORDEN DE TRABAJO	42658	**CLASIFICACION**	N/A	**FECHA DE ENTREGA DE RESULTADOS**	11/07/2018
CONDICIONES AMBIENTALES	Temperatura(°C) 19-26		**HUMEDAD RELATIVA**	Humedad Relativa: (%) 49-70	

RESULTADO DE ANÁLISIS

PARAMETRO	METODO REFERENCIA	RESULTADO	UNIDAD
Aerobios	MLM_09 AOAC 990.12 Cap. 17, Ed. 20, 2016	40x10^3ufc/ +/- 2,36%	g
Coliformes totales	MLM_14 AOAC 991.14 Cap. 17, Ed. 20, 2016	8x10^1ufc/ +/- 2,24%	g
***Vibrio spp**	MLM_46	No Detectado/25	g

Muestreo realizado por LA EMPRESA

Observaciones

NOTA: *Este reporte solamente puede ser reproducido de forma integral y con la autorización por escrito del SCI. Está totalmente prohibida su reproducción de forma parcial. Los resultados emitidos en éste reporte se refieren exclusivamente al material ensayado y no son relacionados directamente a productos no ensayados. Los registros de los análisis son archivados en el laboratorio por 5 años. Se analizó bajo las condiciones de temperatura de recepción de la muestra. Los ensayos marcados con (*) NO estan incluidos en el alcance de la acreditación del SAE.*

Ministerio de Acuacultura y Pesca CONTROL INTERNO MULTIDISCIPLINARIO

DRA. SULLY STACIO
RESPONSABLE AUTORIZADO

ING. FERNANDA HURTADO
DIRECTOR(A) TÉCNICO(A)

Letamendi 102 y la Ría * Telefax: (593-4) 2401 773 - 2401 776 - 2401 779 * Fax(593-4) 2402 304
P.O. Box: 09-01-15131 * E-mail: sci@acuaculturaypesca.gob.ec * Guayaquil - Ecuador

Acreditación N° OAE LE 2T-004 LABORATORIO DE ENSAYOS

LABORATORIO DE ANÁLISIS QUÍMICO Y MICROBIOLÓGICO DE ALIMENTOS
SUBSECRETARÍA DE CALIDAD E INOCUIDAD

Pag 1/1

CÓDIGO ÚNICO No.	8426-124-M14			**Reporte No.**	24186
EMPRESA	**NOMBRE**	MARIO ANDRES MERO PLAZA			
	DIRECCIÓN	GUAYAQUIL, CDLA. GUAYACANES MZ 54 VILLA 21, GUAYAQUIL, CDLA. GUAYACANES MZ 54 VILLA 21			
TIPO DE PRODUCTO	**FILETE DE TILAPIA ROJA REFRIGERADO Oreochomis niloticus. CON RECUBRIMIENTO DE ALMIDON DE YUCA GLICEROL Y ACEITE ESENCIAL DE ROMERO.**				
FACTURA	N/A	**CODIGO/LOTE**	MUESTRA 2	**FECHA DE RECEPCION**	05/07/2018
PESO DECLARADO	N/A	**MARCA**	N/A	**FECHA FINALIZACION DE ANALISIS**	10/07/2018
ORDEN DE TRABAJO	42797	**CLASIFICACION**	N/A	**FECHA DE ENTREGA DE RESULTADOS**	11/07/2018
CONDICIONES AMBIENTALES	Temperatura(°C) 19-26		**HUMEDAD RELATIVA**	Humedad Relativa: (%) 49-70	

RESULTADO DE ANÁLISIS

PARAMETRO	METODO REFERENCIA	RESULTADO	UNIDAD
Aerobios	MLM_09 AOAC 990.12 Cap. 17, Ed. 20, 2016	39x10^5ufc/ +/- 2,36%	g
Coliformes totales	MLM_14 AOAC 991.14 Cap. 17, Ed. 20, 2016	<10ufc/	g
***Vibrio spp**	MLM_46	No Detectado/25	g

Muestreo realizado por LA EMPRESA

Observaciones

NOTA: *Este reporte solamente puede ser reproducido de forma integral y con la autorización por escrito del SCI. Está totalmente prohibida su reproducción de forma parcial. Los resultados emitidos en éste reporte se refieren exclusivamente al material ensayado y no son relacionados directamente a productos no ensayados. Los registros de los análisis son archivados en el laboratorio por 5 años. Se analizó bajo las condiciones de temperatura de recepción de la muestra. Los ensayos marcado con (*) no estan incluidos en el alcance de la acreditación del SAE.*

CONTROL INTERNO MULTIDISCIPLINARIO

DRA. SULLY STACIO
RESPONSABLE AUTORIZADO

ING. FERNANDA HURTADO
DIRECTOR(A) TÉCNICO(A)

Letamendi 102 y la Ría * Telefax: (593-4) 2401 773 - 2401 776 - 2401 779 * Fax(593-4) 2402 304
P.O. Box: 09-01-15131 * E-mail: sci@acuaculturaypesca.gob.ec * Guayaquil - Ecuador

ANEXO 3 NORMATIVA

Quito - Ecuador

NORMA TÉCNICA ECUATORIANA **NTE INEN 1896:2013**
Primera revisión

PESCADOS FRESCOS REFRIGERADOS O CONGELADOS DE PRODUCCIÓN ACUÍCOLA. REQUISITOS

Primera edición

FRESH CHILLED OR FROZEN FISH AQUACULTURE PRODUCTION. REQUIREMENTS

First edition

DESCRIPTORES: Tecnología de los alimentos, pescados y productos de la pesca.
AL 03.03-405
CDU: 637.56
CIIU: 1302
ICS: 65.140.30

5. REQUISITOS

5.1 Requisitos específicos

5.1.1 El olor, color y sabor deben ser los característicos del producto. No se permiten olores o sabores objetables persistentes e inconfundibles que sean signo de descomposición.

5.1.2 Durante la captura se debe tomar las precauciones necesarias para evitar raspaduras o daño en la piel o heridas en el músculo de los peces; el producto no debe exponerse directamente al sol.

5.1.3 Los pescados frescos refrigerados o congelados, ensayados de acuerdo con las normas ecuatorianas correspondientes, deben cumplir con los requisitos establecidos en la tabla 1.

Tabla 1. Requisitos físico químicos para los pescados frescos refrigerados o congelados

Requisito	mín.	máx.	Método de ensayo
Nitrógeno básico volátil (expresado como total) mg/100g	-	30	NTE INEN 182

5.1.4 *Requisitos microbiológicos*

5.1.4.1 Los productos deben estar exentos de microorganismos patógenos y sustancias tóxicas producidas por estos, que puedan ocasionar un peligro para la salud.

5.1.4.2 Los productos deben cumplir con lo indicado en la tabla 2.

Tabla 2. Requisitos microbiológicos para los pescados frescos refrigerados o congelados

Requisito	n	m	M	c	Método de ensayo
Recuento de microorganismos mesófilos, ufc/g	5	5×10^4	1×10^5	3	AOAC 990.12
E. coli, ufc/g	5	< 10	10	2	AOAC 998.08
Staphylococcus aureus coagulasa positiva, ufc/g	5	100	1000	2	AOAC 2003.11
Salmonella /25g	5	no detectado	-	0	NTE INEN 1529-15
Vibrio cholerae/25 g	5	no detectado	-	0	ISO/TS 21872-1
Vibrio parahaemolyticus/25 g	5	no detectado			ISO/TS 21872-1

donde:

n: Número de muestras a examinar.
m: Índice máximo permisible para identificar nivel de buena calidad.
M: Índice máximo permisible para identificar nivel aceptable de calidad.
c: Número de muestras permisibles con resultados entre m y M.

5.1.5 *Contaminantes*

5.1.5.1 El límite máximo de contaminantes no debe superar lo establecido en la tabla 3.

Tabla 3. Contaminantes

Contaminante mg/hg	LIMITE MÁXIMO	MÉTODO DE ENSAYO
Mercurio, como Hg,	0,5	AOAC 974.14
Plomo, como Pb, mg/hg	0,5	AOAC 999.10
Cadmio, como Cd , mg/hg	0,5	AOAC 999.10
Hidrocarburos Aromáticos policíclicos (en productos no ahumados), Benzo pireno, µg/kg	2,0	HPLC - DAD - FL Cromatografía de gases -FID

(Continua)

APENDICE Z

Z.1 NORMAS A CONSULTAR

Norma Técnica Ecuatoriana NTE INEN 182	*Conservas envasadas de pescado. Determinación de nitrógeno básico volátil.*
Norma Técnica Ecuatoriana NTE INEN 1529-15	*Control microbiológico de los alimentos. Salmonella. Método de detección.*
Norma ISO/TS 21872-1	*Microbiology of food and animal feeding stuffs – Horizontal method for the detection of potentially enteropathogenic Vibrio spp. – Part 1: Detection of Vibrio parahaemolyticus and Vibrio cholerae.*
AOAC Official Method 974.14	*Mercury in Fish. Alternative Digestion Method.*
AOAC Official Method 999.10	*Lead, Cadmiun, Zinc, Copper and Iron in Foods. Atomic Absorption Spectrophotometry after microwave digestion.*
AOAC Official Method 990.12	*Aerobic plate count foods. Dry rehidratable Film Method.*
AOAC Official Method 998.08	*Confirmed Escherichia edi counts in poultry, meats and seafoods. Dry rehidratable film method.*
AOAC Official Method 2003.11	*Enumeration of staphylococcus aereus in select meat, seafoods and poultry. Petrifilm staphespress count plate method.*
Reglamento Técnico Ecuatoriano RTE INEN 022	*Rotulado de productos alimenticios procesados, envasados y empacados*

Decreto Ejecutivo No. 3253, Reglamento de Buenas prácticas de Manufactura para alimentos procesados. Publicado en el Registro Oficial No. 696 del 4 de noviembre de 2002.

Ley 2007-76, Ley del Sistema Ecuatoriano de la Calidad, publicada en Registro Oficial No. 26 del 22 de febrero de 2007.

Codex Alimentarius CAC/RCP 1-1969 Principios Generales de Higiene de los Alimentos.

Codex Alimentarius CAC/RCP 52-2003 Código de prácticas para el pescado y los productos pesqueros.

CAC/RCP 52-2003 CAC/GL 50-2004 Directrices generales sobre muestreo.

Plan Nacional de Control, Para el ofrecimiento de garantías oficiales respecto a la exportación de productos pesqueros y acuícolas de la Republica del Ecuador a la Unión Europea. Instituto Nacional de Pesca. Septiembre 6 de 2006.

Acuerdo Ministerial No. 241, Requisitos sanitarios mínimos que deben cumplir las industrias pesqueras y acuícolas, publicado en Registro Oficial No. 228 del 5 de julio de 2010.

Z.2 BASES DE ESTUDIO

Norma Andina NA 0089 2010-10-20 Trucha fresca refrigerada. Requisitos y Definiciones.

Reglamento Sanitario de los Alimentos Chile DTO 977/96 D OF. 13.05.97, Título IV De los contaminantes, Párrafo I *De los metales pesados,* Artículo 160 Santiago de Chile, 2010.

Manual de Buenas Prácticas de Producción acuícola de Trucha para la inocuidad alimentaria. Centro de investigación en alimentación y desarrollo, A.C. Unidad Mazatlán. México. 2003.

REGLAMENTO (CE) no 2073/2005 DE LA COMISIÓN de 15 de noviembre de 2005 Relativo a los criterios microbiológicos aplicables a los productos alimenticios.

(Continua)

ANEXO 4 MATERIA PRIMA

Almidón de yuca

CEREALES La Pradera Tradición de Calidad	FICHA TECNICA		COD:FT-AY001
	Realizado por: Ing. Vinicio Romero Laboratorio y Control de Calidad	**Revisado:** Ing. Fabián Berrazueta Jefe de Planta	Fecha Rev: 15-06-18 Nº. Versión:006

1.- PRODUCTO: ALMIDON DE YUCA

2.- COMPOSICIÓN: 100% Yuca (*Manihot esculenta crantz*)

3.- DESCRIPCIÓN: Almidón natural de yuca, químicamente es un carbohidrato grado alimenticio, exento de sustancias tóxicas o nocivas, obtenido por el proceso de molienda húmeda de yuca. (No contiene alérgenos).

4.- VIDA ÚTIL: 12 meses.

5.- ANÁLISIS MICROBIOLÓGICO.

Parámetros	Unidad	Estándar	Método
Coliformes Totales	Ufc/g	Ausencia	CPSMA IV-A
E. coli	Ufc/g	Ausencia	CPSMA IV-D
Aerobios Mesófilos	Ufc/g	0 - 5000	CPSMA I-A
Mohos y levaduras	Ufc/g	0 - 100	CPSMA II-A
Salmonella 25g	Ufc/g	Ausencia	CPSMA V-A

6.- PARAMETROS FISICO QUÍMICO.

Parámetros	Unidad	Estándar	Método
Humedad	%	11.00 – 13.00	CPSMA M50
pH (17% Solución)	-	5.0 – 7.0	CPSMA P40

7.- PARÁMETRO SENSORIAL.

PARÁMETROS	CARACTERÍSTICAS
Olor	Característico libre de olores extraños
Color	Blanco
Sabor	Característico, libre de sabores extraños.
Textura	Fino, homogéneo.

8.- MANEJO Y ALMACENAMIENTO:

Almacenar en pallets en buen estado físico para evitar roturas del saco por astillas o puntas, alejado de factores que permitan contaminación cruzada de tipo químico, físico o biológico. El lugar de almacenamiento deberá poseer condiciones óptimas de humedad y temperaturas, lo aconsejable son rangos de temperatura entre 10 - 21°C y una humedad relativa del 50 - 60 %.

9. PRESERVACIÓN:

Una vez abierto el envase se recomienda almacenar en condiciones adecuadas de temperatura y humedad, mantener el producto con su envase original cerrado.

10.- APLICACIONES Y USOS:

Panadería, confitería, pastas, embutidos, alimentos preparados, snacks, condimentos.

11.- PROPIEDADES FUNCIONALES:

- En forma de polvo, actúa como fluidificante y absorbente, portador de ingredientes activos, agente de moldeo y dispersante.
- En procesos de cocción, actúa como espesante, modificador de textura y aglutinante.
- En productos de panadería su olor y sabor neutro, respeta las características de olor y sabor de los productos finales.

12.- INFORMACION NUTRICIONAL

Tamaño Porción	10g	
Calorías por porción	35 kcal	
	% Porcentaje Diario	
Grasa Total	0g	0%
Grasa Saturada	0g	0%
Colesterol	0mg	0%
Sodio	0mg	0%
Carbohidratos Totales	9g	3%
Fibra	0g	0%
Proteína	0g	0%
Los porcentajes de los valores diarios están basados en una dieta de 8380 kJ. Sus valores pueden ser más altos o más bajos dependiendo de sus necesidades calóricas.		

13.- DESCRIPCIÓN DEL ENVASE:

Tipo de envase: Funda, sacos
Material : Polietileno, polipropileno
Peso : 500g, 25kg.

14.- REQUISITOS LEGALES Y REGLAMENTARIOS:

- Código único BPM: 0288-BPM-AN-1017
- Las normativas generales para plantas procesadoras de Alimentos, Resolución ARCSA 067 – 2015. Normativa Técnica Sanitaria para Alimentos Procesados. En ejecución.

Ing. Vinicio Romero
Jefe de Aseguramiento de Calidad

Printed by Books on Demand GmbH, Norderstedt / Germany